FAO中文出版计划项目丛书

全球农业气候服务展望
——打通投资"最后一公里"

联合国粮食及农业组织　编著

刘　钊　刘　灏　翟熙玥　等　译

中国农业出版社
联合国粮食及农业组织
2023·北京

引用格式要求：

粮农组织。2023。《全球农业气候服务展望——打通投资"最后一公里"》。中国北京，中国农业出版社。https://doi.org/10.4060/cb6941zh

ISBN 978-92-5-138303-2（粮农组织）
ISBN 978-7-109-31272-2（中国农业出版社）

© 粮农组织，2021年（英文版）
© 粮农组织，2023年（中文版）

FAO中文出版计划项目丛书

译 审 委 员 会

本 书 译 审 名 单

当前，世界所面临的气候和环境挑战前所未有，新冠疫情影响巨大。在此关键时期，第一版《全球农业气候服务展望——打通投资"最后一公里"》应运而生。小农户和小规模生产者是全球粮食安全的支柱和自然资源的守护者，但他们同时也是最容易受到气候变化影响的群体。农业粮食体系和粮食安全面临着越来越多的影响，包括气候冲击、生物多样性丧失、经济增长放缓、冲突和长期危机、动植物疾病和流行病，等等。要解决小规模农业生产者和粮食价值链所面临的日益严峻的挑战，必须从灾害应对向预防和早期干预转变。

科技可以为降低风险、制定有效的政策和合适的规划提供亟须的有创新性和有依据的解决方案。气候服务日益被视为数字农业转型的一个组成部分，同时也是协助和改进适应气候变化决策的手段。它们有潜力在最不发达国家和小岛屿发展中国家等地区弥合气候变化适应、灾害风险管理和恢复力之间的鸿沟，弥合城乡居民之间的信息差。

气候服务为包括从农民、牧民和渔民到决策者的农业用户提供定制信息，识别灾害风险并及时做出合适的决定。

尽管越来越多的证据表明了气候服务对农业的好处和重要性，但向小农户和边缘化的人群提供关键信息仍然是一个重大挑战。除了传播方面的限制外，气候服务缺乏对特定环境的针对性，而且与农民以及其他社区的沟通不足。增加获得气候知识的机会，并确保农民和包括女性及青年在内的技术人员的公平使用是非常重要的。

"实现2030可持续发展目标十年行动"已经开始，我们在满足《巴黎协定》和《2015—2030年仙台减少灾害风险框架》提出的要求的同时，必须采取集中行动来抵御冲击，应对粮食危机。我们需要做出识别风险的政策决定，来更好地阐明和加强国家和地方的能力，减少损失和分配资源而导致的新风险。

本报告提供了有关气候服务的最新数据，并列举了有价值的案例分析。案例着重描述了确保农民和其他农业从业者公平使用和提供气候服务的机会和经验。

打通"最后一公里"是粮农组织的重要工作，也是实施《粮农组织气候变化战略》和支持《2030年可持续发展议程》《粮农组织2022—2031年战略框架》的组成部分。气候服务是这些框架的一部分，旨在向更高效、更包容、更有弹性和更可持续的农业粮食体系转型，以实现产量高、营养丰富、优美环境和美好生活，不让任何人掉队。

Maria Helena Semedo
副总干事
联合国粮食及农业组织

Elena Manaenkova
副秘书长
世界气象组织

ACKNOWLEDGEMENTS　｜致　谢｜

《农业气候服务全球展望——打通投资"最后一公里"》由粮农组织气候风险小组在粮农组织气候变化、生物多样性和环境办公室环境工作流程负责人Lev Neretin的统筹和全面指导下编写。粮农组织内各部门、办公室和区域办公室提供了大量的技术支持和咨询建议。特别感谢世界气象组织（WMO，World Meteorological Organization）的同事将粮农组织与世界各地的国家气象水文服务部门（NMHS，National Meteorological and Hydrological Service）工作人员联系在一起，并由衷感谢粮农组织国家和区域办公室在收集国家一级的产出方面提供的宝贵支持。

粮农组织协调主要作者：Jorge Alvar-Beltrán，Ana Heureux，Lev Neretin，Candida Villa-Lobos。

评审专家：Jim Hansen（哥伦比亚大学国际关系学院），Filipe Lucio（WMO），Veronica Grasso（WMO），Jose Camacho（WMO），Coleen Vogel（威特沃特斯兰德大学）。

独立贡献者——非洲章节：

乍得水资源和气象局，马里国家气象局，尼日尔国家气象局，布基纳法索国家气象局，尼日利亚气象局，科特迪瓦国家气象局，多哥国家气象总局，塞内加尔国家民航和气象局，肯尼亚气象局，莫桑比克国家气象研究所，Sebastian Grey（WMO），Simpson Junior Pedro（粮农组织莫桑比克办事处），Oliver Kipkogei（东非政府间发展组织），Philippe Roudier（法国开发署），Vieri Tarchiani（生物气象研究所）。

独立贡献者——近东和北非章节：

苏丹气象局，巴勒斯坦气象局，也门民航和气象局，黎巴嫩气象局，摩洛哥气象总局，阿曼气象总局，毛里塔尼亚国家气象局，Theresa Wong（粮农组织近东和北非办公室），Mohamed Abdel Monem（粮农组织近东和北非办公室），Marc Kaeraa（粮农组织巴勒斯坦办事处）。

独立贡献者——亚太章节：

柬埔寨气象局，泰国气象局，印度尼西亚气象局、气候学和地球物理学机构，萨摩亚气象局，尼泊尔农业研究委员会，Beau Damen（粮农组织亚太区办公室)，Nora Guerten（粮农组织应急行动及抵御能力办公室），Lina Jihadad（粮农组织亚太区办公室），Catherine Jones（粮农组织应急行动及抵御能力办公室），Hideki Kanamaru（粮农组织亚太区办公室），Leo Kris Palao (CIAT)，Kim Kuang Hyung（粮农组织老挝办事处），Niccolò Lombardi（粮农组织应急行动及抵御能力办公室），Krishna Pant（粮农组织尼泊尔办事处），Monica Petri（粮农组织老挝办事处），Giorgia Pergolini（世界粮食计划署），Maria Quilla（粮农组织菲律宾办事处），Ria Sen（世界粮食计划署）。

独立贡献者——拉丁美洲和加勒比海地区章节：

哥伦比亚水文、气象和环境研究，厄瓜多尔国家气象和水文研究所，特立尼达和多巴哥气象局，智利气象局，巴巴多斯民航气象局，巴拉圭气象水文局，伯利兹国家气象局，开曼群岛国家气象局，秘鲁国家气象水文局，尼加拉瓜气象总局，Andrea Castellanos（国际农业研究磋商组织气候变化、农业和粮食安全项目），Carlos Eduardo（国际农业研究磋商组织气候变化、农业和粮食安全项目），Deissy Martínez（国际农业研究磋商组织气候变化、农业和粮食安全项目），Tanja Lieuw（粮农组织拉美和加勒比办公室），Marion Khamis（粮农组织拉美和加勒比办公室）。

个人贡献者——欧洲和中亚章节：

罗马尼亚国家气象局，北马其顿水文气象局，塔吉克斯坦水文气象局，乌兹别克斯坦水文气象服务中心，Jovidon Aliev（粮农组织塔吉克斯坦办事处），Fadi Karam（国际顾问），Olga Buto（粮农组织）。

非洲气象应用与发展中心（ACMAD）

东南亚国家联盟（东盟）（ASEAN）

阿拉伯干旱地区和旱地研究中心（ACSAD）

孟加拉国气象局（BMD）

加勒比农业气象倡议（CAMI）

加勒比气象与水文研究所（CIMH）

国际农业研究磋商组织气候变化、农业和粮食安全项目（CCAFS）

应对与减轻咸海气候变化影响项目（CAMP4ASB）

气候预测与应用中心（ICPAC）

共同农业政策（CAP）

国际农业研究磋商组织（CGIAR）

哥白尼气候变化服务中心（C3S）

作物天气指数保险（CWII）

农业推广部门（DAE）

埃及气象局（EMA）

欧洲联盟（欧盟）（EU）

农场气候服务部（FWSS）

联合国粮食及农业组织（粮农组织）（FAO）

气候服务全球框架（GFCS）

全球信息系统中心（GISCs）

国际干旱地区农业研究中心（ICARDA）

信息与通信技术（ICTs）

厄尔尼诺现象国际研究中心（CIIFEN）

日本气象厅（JMA）

欧盟委员会联合研究中心（JRC）

老挝农业气候服务局（LaCSA）

欠发达国家（LDCs）

地方农业技术气候委员会（LTACs）

牙买加气象局（MSJ）

农业资源监测（MARS）

国家农艺研究所（INRA）

国家气象水文局（NMHS）

尼泊尔农业研究委员会（NARC）

非政府组织（NGO）

常态化差异植生指数（NDVI）

经济合作与发展组织（经合组织）（OECD）

太平洋岛屿气候服务（PICS）

太平洋气象理事会（PMC）

参与式农业综合气候服务（PICSA）

区域气候中心（RCC）

区域水文中心（RCH）

区域专业气象中心（RSMC）

小岛屿发展中国家（SIDS）

联合国气候变化框架公约（UNFCCC）

世界粮食计划署（WFP）

世界气象组织（WMO）

世界农业气象信息服务组织（WAIS）

EXECUTIVE SUMMARY **|执行概要|**

自2014年以来，地区冲突、经济发展放缓和极端气候导致全世界受营养不良和粮食危机影响的人数愈发增加。新冠疫情给粮食安全带来新的挑战，对农业和粮食体系产生了广泛而复杂的影响。2020年，长期冲突、经济冲击、新冠疫情以及极端气候事件导致粮食危机形势进一步恶化。从生产到贸易和市场，气候变化对粮食价值链的每一个环节都构成了重大风险。

世界逐渐从新冠疫情中走出来，除了其他导致粮食安全、贫困和不平等的因素外，国际社会正在呼吁实现具有气候韧性的可持续性复苏。在强大的科学和信息技术的支持下，气候服务和数字咨询提供了切实可行的决策支持，并促进了农业部门的适应。风险咨询和预警系统等气候服务被逐渐认定为预防危机和抵御威胁当前和未来粮食体系的气候影响能力的关键。

然而，在农业领域发展气候服务仍然面临诸多挑战，其中一个就是如何将精准和可操作的气候信息带到"最后一公里"即小农户手里。建立气候服务，让最脆弱的群体受益对粮食安全至关重要。

缩小差距

虽然我们都知道克服"最后一公里"困难的好处显而易见，但全球评估指出在"最后一公里"气候服务投资方面还存在着巨大的差异，消除障碍道阻且长。如果将可操作的信息公平有效地传达给用户，弥合这一差距并扩大气候服务的规模是至关重要的。据估计，到2030年，政府和私营部门需要投资70亿美元才能通过气候服务为另外3亿小农户建立韧性（Ferdinand等，2021）。

数字技术为确保小农户和价值链参与者获得支持决策的信息提供了新的机会。信息和通信技术及平台对于提高将复杂的农业气象信息转化为适合用户需求的能力至关重要。

本报告强调了以科学为基础的行动和用户驱动的气候服务的重要性，从而提高脆弱农业社区的韧性。它指出了气候服务在通过包容性规划和跨学科联合设计生产过程中弥合气候科学和政策差距方面的巨大潜力。国家一级农业推广服务机构的作用及其向"最后一公里"提供信息和建议，在维持反馈机制和加强支持信息吸收的能力建设方面发挥了重要作用。

本报告通过对粮农组织所有区域36个国家的调查，介绍了关于为农业用户提供气候服务状况的最新数据。本报告的调查结果对机构框架有效地针对韧性、预防和恢复方面进行投资构建具有重大意义。

案例研究突出了整个气候服务框架具体干预措施中的挑战、机遇和经验教训。尽管面临诸多挑战，气候服务通过引导农业生产者应对不可预测和不断变化的天气模式，对农业和粮食安全都是有益的。

打通"最后一公里"的主要挑战

在非洲，发展气候服务的一个主要制约因素是从农业用户中及时获得高质量数据的可能性有限。

在亚洲和拉丁美洲，主要挑战仍然是根据农业实践调整信息，并确保用户持续反馈，以改进气候服务和传播。

在中亚、近东和北非，最大的障碍是数据共享、对特定部门协同服务以及如何向用户有效传达信息。

在欧洲，数据更加透明且更容易获取，但农户表示这些服务往往不适合他们的耕作环境，也没有以便捷易懂的形式提供。

投资路线蓝图

本报告为确保资金有效分配到加强气候服务生产、供给以及农业社区参与及应用提供了有针对性的投资蓝图。打通"最后一公里"过程中，要结合已知障碍和挑战提出建议。其中一个关键因素是在气候服务框架的上游分配资金（例如监测网络、能力建设和服务产品的投资）并不是孤立的，他们支撑整个框架直到"最后一公里"。

本报告为投资方、国际机构、项目单位提供了一份打通"最后一公里"的投资路线图。气候投资顾问在制定打通"最后一公里"目标时要充分考虑地域差异以及更精确的环境、文化及社会经济等因素。

为开发商提供优先投资机会

- 支持相关机构开展宣传活动，宣传合作的重要性并在NMHS、农业部门、畜牧业部门和环境部门以及其他利益相关方（如科研机构、私营机构和非政府组织）之间进行机构合作及协议安排。
- 开展提前时间更长的预测和早期预警，确保用户有足够的时间在灾害发生前采取行动。
- 支持并资助用户和不同利益相关方参与气候服务的开发。

- 将产品定制为农业社区便捷易懂的语言、人物、动画、卡通和其他媒体。
- 建立参与式方法，如参与式农业综合气候服务方法和农民田间学校，确保农民能够对气候服务的有效性提供反馈。
- 通过扩大外展、私营部门和投资与移动及网络运营商的合作，增加气候服务受众及用户的数量。
- 支持降低与提供服务相关的成本，提高网络覆盖率。

CONTENTS **目　录**

© 粮农组织 /Ismail Taxta/Arete

1 | 引 言

1.1　问题陈述

　　农业支撑着全世界25亿多人的生计，在许多不发达国家，农业占国内生产总值的25%以上（粮农组织，2012）。由于冲突、经济增长放缓和极端气候变化等影响，在经历了数十年的衰退之后，2014年以来，受营养不良和粮食短缺影响的人数有所上升。新冠疫情使全球粮食安全和粮食体系更加脆弱。气候灾害频发、关键经济增长放缓以及冲突、公共卫生事件、农业病虫害等其他跨境威胁严重等问题，都放大了农业和粮食体系面临的风险，并威胁到粮食供给。

　　根据粮农组织和世界粮食计划署的数据，2021年上半年共有20个饥饿热点地区，其中与气候相关的风险占其中12个：9个在非洲，2个在拉丁美洲和加勒比地区，1个在亚洲和太平洋地区（粮农组织和世界粮食计划署，2021）。

　　气候变化正在改变极端天气事件的频率、强度和持续时间，本身就是对粮食安全的全球威胁（Mbow等，2019；联合国气候变化框架公约，2020）。过去二十年，我们见证了有史以来最高的全球气温和最频繁的自然灾害（粮农组织，2021）。气候变化的影响，包括缓慢发生的变化和极端天气事件，给对气候敏感的经济部门和依赖它们的社区造成了巨大的破坏和损失。慢发气候事件由气候的持续和渐进的变化演变而来，其影响速度是渐进的，但是与极端气候事件相比似乎破坏性较小。这些逐渐变化主要包括降雨量和温度的变化、荒漠化、海平面上升及海洋酸化。另一方面，极端天气事件指暴雨、热浪、风暴、病虫害等的快速暴发。

　　在过去十年中，平均每年与自然灾害（气象、气候、水文、生物和地球物理等）相关的经济损失约 1 700 亿美元，峰值出现在 2011 年和 2017 年（灾难传染病学研究中心，2021）。此外，2019 年出现了自 1851 年来的第二高温，许多区域都受到了自然灾害的影响，损失飙升至 3 000 多亿美元（灾难传染病学研究中心，2021）。在最不发达国家和中低收入国家，气候相关灾害损失占农业损害和损失的 26%，其中干旱损失占 83%（粮农组织，2021）。2008 年至 2018 年期间，登记了与灾害有关的农业损失的 109 个国家中，最不发达国家和低收入国家占 94 个，389 次灾害影响到农业生产，损失达 1 085 亿美元（粮农组织，2021）。越来越强烈和频繁的极端天气事件正威胁着全球农业生产。各个国家从这些事件中恢复的能力因准备程度和应对影响的能力而异。

1.2 有效的气候适应服务在农业中的作用

农业是最需要适应气候变化的部门，93% 的发展中国家和 44% 的转型经济体在其国家确定贡献计划的适应领域或行动时都提到了农业相关内容（粮农组织，2016）。85% 的国家认为气候服务是农业和粮食安全规划和决策的关键因素（WMO，2019）。

小农户和小规模生产者是全球粮食安全的支柱，是水土资源的重要管理者，同时也是最容易受到气候变化影响的群体。气候服务可以提高农民做出战略决策的能力，增强其适应能力，建立其对气候冲击的韧性。建立韧性还包括发展个人和社区的能力，减少或消除破坏性事件的影响并迅速恢复。转向更积极主动地应对预期风险，包括尽早采取行动和包括小农户在内的共同参与，对于气候韧性和转型至关重要。

据粮农组织估计，每年至少需要投入 1 050 亿美元用于全球适应气候变化，其中很大一部分用于农业和粮食安全（粮农组织，2017）。发展有效的气候服务支持农业部门的气候风险管理、减少并适应灾害风险，其重要性正在得到越来越多的认可。据全球适应委员会估计，改进天气、气候、水观测和预报可使全球生产力每年增加 300 亿美元，每年减少 20 亿美元的资产损失。加强适应气候服务的效益与成本比率估计为 10∶1 或更高（WMO，2015；全球适应委员会，2019）。

气候服务涉及气候智能政策和规划中气候知识和信息的生产、翻译、转让和使用（气候服务伙伴关系，2021）。最近对全球气候服务状况的评估表明，过去二十年里气候信息和预警监测、收集和分析已经取得了重大进展，这主要受益于技术、基础设施和能力建设取得的进展（WMO，2019）。然而，有效和公平地传播气候服务仍有诸多障碍，如气候服务的生产者和目标用户之间缺乏互动，国家缺乏推广能力，缺少以用户为导向的定制服务，行政管理服务没有充分转化为可操作的产品，以及国家质检和国家内部的数字鸿沟。农业气候服务往往达不到"最后一公里"，无法惠及生活在远离公共服务偏远地区的小农户。除了这些障碍以外，共同引进、设计和共同生产气候服务还可能面临其他困难，特别是将气候信息纳入支持农场一级的整套战略和战术决策的规划过程和决策方面会遇到很多困难。

气候服务关键属性包括及时性、可获得性、可靠性、可用性、公平性和继承性等。信息和通信技术在促进农业社区实时传递气候信息和农业咨询方面具有巨大的潜力。增加用户解释和使用气候服务的能力对于减轻气候冲击的影响至关重要。然而，最不发达国家对信息和通信技术的获取是滞后的，较贫困社区、农村妇女和青年的知识严重落后于技术的发展。由于成本问题而且普遍缺乏基础设施，农村社区获取信息的机会有限（Trendov 等，2019）。粮农组织的电子农业战略强调了使用数字技术改善农业生产、投入供应、农业研究和国家农业信息系统、推广和咨询服务、收获后流程、气象信息收集和传播以及农业灾害管理的潜在好处（粮农组织和国际电信联盟，2017）。

增加最脆弱群体对气候服务的供应和获取，是实现适应气候变化和增强小规模生产者韧性的一个主要挑战。克服这一挑战可以为实现可持续发展目标做出重要贡献，特别是目标1：无贫困；目标2：零饥饿和目标13：气候行动。随着世界从新冠疫情的影响中恢复过来，进入粮食短缺、贫困和不平等多重威胁，国际社会呼吁增强对气候韧性、早期干预的投资，强化抵御风险能力。将韧性纳入发展计划和经济复苏一揽子计划，确保在经济复苏中优先考虑人和生态系统。尽管人们越来越认识到气候服务在气候适应议程中发挥着重要作用，但在确保气候服务以用户为中心和扩大投资，消除"最后一公里"障碍方面仍有差距。作为一系列询证干预措施的一部分，以"最后一公里"的气候服务投资有助于建立有弹性和可持续的粮食体系。

本报告旨在深入了解克服"最后一公里"的障碍并确保粮食和农业部门（包括作物、牲畜、渔业和林业系统）有效获取和利用气候服务。报告探讨了如何战略性地制定投资计划以缩小造成"最后一公里"障碍的关键差距。本报告还强调了农业数字化转型的重要性以及提高他们的气候韧性。本报告讨论了数字农业转型议程的一个关键因素并提出了投资路线图，其中数字技术和私营部门的参与为实现《2030年可持续发展议程》做出了重大贡献。

1.3　2019年农业和粮食安全气候服务情况

2018年，《联合国气候变化框架公约》第二十四次缔约方大会要求WMO通过其全球气候服务框架定期报告气候服务的状况，目的是"促进评估适应需求的方法学的开发和应用"（第11/CMA.1号决定）。2019年，WMO与全球气候服务框架、适应基金、国际农业研究磋商小组（CGIAR，Consultative Group on International Agricultural Research）、全球环境基金（GEF，Global Environmental Facility）、绿色气候基金（GCF，Green Climate Fund）、全球减灾和恢复基金（Global Facility for Disaster Reduction and Recovery）、世界银行集团、粮农组织和世界粮食计划署（WFP，World Food Programme）合作，在《联合国气候变化框架公约》第二十五次会议期间发布了首份《2019年气候服务状况报告》。

报告指出，农业是《联合国气候变化框架公约》缔约方中最优先的适应部门之一。报告强调了监测和生产气候服务的能力之间的巨大区域差异，并审查通过了气候服务价值链六个组成部分的能力差距，确定了各国的优先需求，包括：治理、基本系统、用户界面、能力发展、气候服务的提供和应用以及监测和评估。本报告还提出了以下六项战略建议：

1）需要将已证明对农业适应气候变化有益的气候服务投入使用，扩大规模，并获得充足的资金支持。

2）系统观测是提供气候服务的基础。

3）小岛屿发展中国家和非洲需要紧急行动。

4）需要解决打通"最后一公里"的障碍。

5）强化气候科学作为气候行动的基础。

6）对与气候服务相关的社会经济效益进行系统的监测和评估。

报告还确定了加强气候服务以有效适应农业需要的四个行动领域：

1）非洲和小岛屿发展中国家面临的能力差距是最大的，主要是在观测网络的密度和报告观测的频率方面，这些观测对生产农业部门所需的产品和数据至关重要。

2）监测和评估气候服务的社会成果和效益是有效提供农业气候服务的过程中最薄弱的环节。

3）即使相关农业气象信息由国家层面发出，包括小规模农业生产者在内的预期用户也很难接触到。

4）需要增加有针对性的投资，确保为农业适应行动提供高质量的气候服务。更好的投资应统筹协调国家、区域、全球综合水文气象系统。投资必须以更全面而不是零星的方式进行，并有针对性地克服"最后一公里"的障碍，这些障碍阻碍了气候信息和服务的充分利用，减少了气候服务所能带来的好处。

1.4 气候服务"最后一公里"：差距和障碍

虽然近年来社会对气候服务的兴趣和投资大大增加，但针对农业部门用户需求的服务的发展依然是滞后的。打通"最后一公里"面临的主要挑战包括：

气候和农业信息数据的收集与监测

- 缺乏农业相关空间尺度上天气预报的及时性和有效性。
- 缺乏作物生长和发育的实时监测信息。

共同生产定制服务

- 在信息产品和服务的开发过程中，由于共同设计和生产过程单向性导致产品针对性不足。
- 农业生产者对共同生产和使用服务的参与度低。
- 机构间缺乏合作，无法为用户有效地提供定制气候服务。

打通服务"最后一公里"

- 向偏远地区弱势群体传播信息的基础设施和技术不足。
- 获得信息机会不平等，例如城市和农村地区网络覆盖的差异。
- 性别差距。与男性相比，妇女承担同等或更高的责任情况下获得生产资源、金融资本和咨询服务的机会较少。
- 有效沟通和提供定制的农业气象相关服务的成本较高。
- 农业弱势用户对信息通信技术和农业气象包的承受能力较低。

通向"最后一公里"的实际参与

- 利用如能够展示适应气候变化做法并说明了其优势的农民田间学校等农民参与式方法开展针对性培训不足。
- 缺乏推广服务和外展的能力导致无法在前端建立信任及有效参与。
- 缺乏加强气候服务从而增加信息消化吸收反馈机制。

基于气候信息的决策

- 气候服务很少被翻译成当地语言，而且由于文盲率高，其理解率也比较低。
- 使用不易理解的过于技术性的科学语言，不符合农民的需求，且往往没有以用户友好的形式呈现。
- 农业气象服务不能满足农民的需要和偏好。

1.5　农业气候服务类型

为满足农业用户多样化的需求，气候信息和产品需要量身定制，并转化为支持决策的可行性服务。多个时间尺度（日、季、年）的服务是农场决策的关键（例如基于短期天气预报的施肥时间、土地平整时间以及与季节性预报相匹配的作物品种选择）。在农业领域，品种改良（例如培育耐旱和耐涝品种）或在农场管理中采取渐进式做法。长期解决方案或转型适应有多种形式，如调整作物种类，改变某些作物和牲畜的生产地点，以及探索替代生计战略（Kates等，2012；Rippke等，2016）。

气候服务、气候产品、农业咨询和农业气象服务有许多共同之处。然而，它们在时间和空间尺度上有所不同，必须加以调整以满足不同的需要和偏好。这些差异主要取决于预期用户和通信渠道。根据数据来源、时间范围、空间尺度、数据处理水平、使用目的以及所关注的农业系统不同，气候和农业气象服务有许多类型（图1-1至图1-4）。因为每人每天都在经历天气，所以较短时间尺度的天气现象更容易被理解。天气信息经常被用于整个农业日历的决策，由

定义

气候数据

历史和实时气候观测以及涵盖历史和未来时期的直接模式输出。关于如何生成这些观测和模型输出的信息（元数据）应伴随所有气候数据一起提供（气候服务全球框架，2020）。

气候产品

气候数据的衍生，将气候数据与气候知识结合起来增加价值（如天气预报）（WMO，2015）。

气候服务

为气候敏感部门的决策者提供更好的信息以帮助社会适应气候变化。它需要适当的参与以及有效的获取机制，以满足特定用户的需求和偏好（例如基于天气预报的最佳播种日期）（气候服务全球框架，2020）。

农业气象服务

利用近几十年来关于大气科学（天气和气候）、土壤（物理和化学特性）、海洋（海面温度）、植被（归一化植被差异指数—常态化植被差异指数）和作物（如历史产量）信息，并与现有的天气和气候预报相结合提供指导（如生长季节农业管理时间安排）（Stigter，2011）。

农业咨询服务

通过与顾问建立服务联系，使农民共同形成农场一级的解决方案，从而增加知识提高技能（Labarthe 等，2013）。

于发布时间短，必须迅速传达。说教和频繁重复的信息有助于农业用户快速了解天气预报，评估其准确性并采取适当的行动。对气候信息（如季节预报和历史数据分析）的理解非常具有挑战性，这些信息涵盖更长的时间尺度，其本质上是概率性的推测。决策者必须依靠统计而不是个人经验来评估每年使用气候信息的次数，并且需要接受培训以分析信息并采取适当的行动。因此，天气和气候信息需要通过不同的传播策略和手段来提供。

由于天气信息发布频繁，且具有时效性，手机和广播是传播天气信息的最佳渠道。另外，参与性进程有利于学习和支持理解在较长时间范围内的气候信息，从而采取适当行动（Vaughan，2019；Marx，2007）。

图1-1至图1-4说明了气候产品和农业报告因所使用数据的时空尺度区别而有所不同，以及解释这些信息如何产生严格的气候服务和特定部门的咨询。气候产品和农业咨询的时空尺度是相似的。

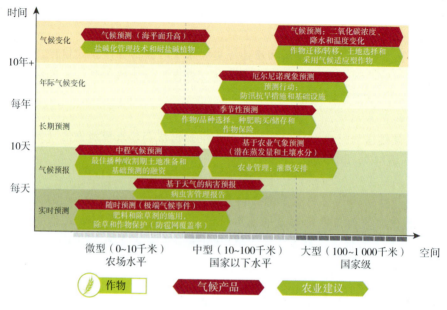

图1-1　农作物气候产品与建议措施

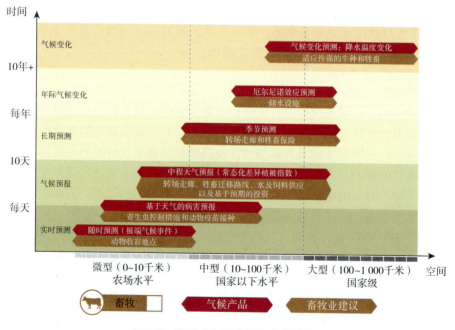

图1-2　畜牧业气候产品与建议措施

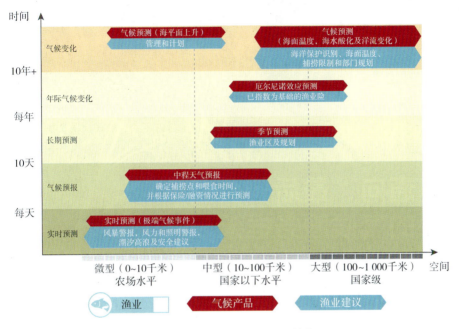

图1-3　渔业气候产品与建议措施

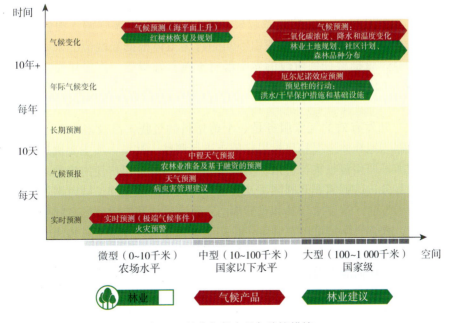

图1-4　林业气候产品与建议措施

2 | 通向"最后一公里"的气候服务框架

2.1 提供有效的气候服务框架

气候服务包括气候知识和信息获取、翻译、转让和使用，其示意图表现方式因国家、农业部门和当地情况的差异而大不相同。提供有效气候服务的框架称为"价值链"（WMO，2015），它将生产和向用户提供服务与用户决策所产生的结果和附加值联系起来。图2-1提出的框架强调了提供有效的气候服务的关键步骤，这些步骤由不同的行为主体根据当地情况来完成。必须强调的是，该框架任何阶段的差距都将影响开发服务。需要加强气候服务框架的方方面面，以确保克服"最后一公里"障碍，同时贡献农业战略性决策。

为农户开发有效的气候服务是一个跨学科的过程，涉及多方参与。一般流程应根据当地具体情况和目标用户需求进行调整。其中一项主要挑战是气候信息咨询和早期预警收集与传播。气候服务只有被目标用户使用接受才能被认为是一种服务，这就需要开展测试及验证等来加强决策支撑。同时满足各方需求是非常困难的，这要求公共和私营部门、研究机构和农业社区之间要加强合作。例如，社会科学家可以在确定信息接受动机和障碍以及信息传递的最佳沟通渠道方面发挥关键作用，而私营部门则可以通过资金杠杆来解决公共机构或推广服务中的任何能力差距。

在任何投资或干预措施开始之前，应首先明确界定目标用户的需求和产品目标并据此在国家层面进行数据收集、监测和数据贡献以确保各项服务以现有的最佳和最相关的数据集为依据。在开发早期阶段农业社区的参与是非常必要的,后期也可以根据他们的需求对产品进行解释和调整。

定制产品需要有合适的沟通渠道来有效地传递信息并被目标用户接受。数字技术为用户获取信息改进决策提供了新的机会。通信技术在促进向农业和农村社区及时传达服务方面具有巨大的潜力。预计移动通信连接的下一个增长期将集中在农村社区。新冠疫情期间进一步突出了对创新通信战略的需求。在最贫穷的20%的家庭中,近70%的家庭使用移动电话(世界银行,2016a)。因此,了解加强信息获取的潜力对于平等广泛地获取气候服务至关重要。

在保障向农业社区提供气候服务方面,建立或加强功能性农业推广服务也发挥着不可或缺的作用。事实证明,培训和聘请基层推广人员提供气候服务对于接触目标用户和提高信息吸收量非常重要(Vaughan等,2019)。

图2-1 有效的气候服务提供框架

图2-1强调了实际参与和反馈机制的重要性。在共同生产过程中的参与者和用户之间建立有效的反馈机制（橙色虚线）是必要的，以确保用户的偏好、经验和需求得到考虑，并不断量身定制和改进气候服务。在共同设计、开发和定制气候服务过程中经常被忽视的增加气候服务的主要挑战与受教育程度以及购买服务的支付方法有关。

图2-1所示是从气候服务的线性发展到一个更加循环的框架的过程，该框架通过一系列反馈机制实现，这些机制将信息的生产者和使用者系统地纳入气候服务的共同设计和共同生产中。虽然气候服务框架中的每个环节都可以为服务增加价值，但用户一旦对所提供的信息做出回应或者验证，就需要同时确认服务的效益。最终气候服务的价值将取决于目标用户如何接受和解释信息，以及这些信息如何影响他们的决定和行动。

2.2　阅读指南

本报告确定了必须解决的主要差距和投资需求，以确保农业气候服务到达"最后一公里"。各章节按粮农组织区域划分：非洲、近东和北非、亚洲及太平洋、欧洲和中亚，以及拉丁美洲和加勒比地区。每一章都遵循提供有效气候服务框架的主要步骤，概述了气候服务的区域现状及其到达"最后一公里"的情况。区域展望中包括了区域和国家典型案例，全面介绍了各国如何克服到达"最后一公里"障碍以及调查结果。最后，每章概述了主要投资机会和挑战，并对气候服务框架的每个步骤提出了建议。

**气候和农业信息数据
收集及监测**

气象和农业信息数据的收集和监测需要利用密集多样的气象观测网。随着科技的进步，遥感技术和地球观测系统能系统地监测海洋、大气和陆地并收集特定地点的气象（如降水和温度）、土壤（如土壤含水量）、生物条件（如病虫害）和植物生长（如物候期、常态化差异植被指数、叶片湿度和冠层覆盖度）的信息。

数据收集完成后通过工具、模型和其他数据集对信息进行处理产生不同的预测（短期、中期和长期）和特定产品。为实现这一目标需要发展通过工具、模型和方法来评估和解释数据的能力。加强能力有助于减少在空间利用方面已取得重大发展国家与尚未取得重大发展国家之间存在的所谓"空间鸿沟"。

联合生产气候服务已被越来越多的人认识到是一项有效和重要的原则。它对于生成与用户相关的信息以及建立信息信任和所有权非常有价值。这一过程需要多学科专家的参与（例如气候学家、农业气象学家、农学家、植物病理学家、水文学家、社会学家）。

**共同生产
定制服务**

专业信息类别将根据用户具体需求和正在编制的农业气象咨询而有所不同。为确保这些服务的用户或客户的开发是根据他们的需求和偏好进行的，定制产品的准备变得至关重要。理想情况下，应建立国家工作组以确保是在所有专家和利益相关方（包括社会科学家）的参与下共同生产和开发这些服务。气候服务的联合生产还涉及国家利益相关方、农业、气象部门、非政府组织和社区组织之间的合作。共同生产有助于实现管理期望，并就可行或实际可能实现的目标达成一致。

**打通沟通服务
"最后一公里"**

农民和其他用户参与服务生产需要确定优先的沟通渠道获取信息（例如，农业推广服务、广播、短信、公告和数字应用）。绘制有效沟通渠道图对了解当地情况和与农业社区有效沟通信息至关重要。虽然数字和技术手段在确保农村社区获得信息方面发挥着越来越大的作用，但同样重要的是，要突出国家在农业推广服务中的作用及其向"最后一公里"提供信息和咨询的任务。

客户满意度调查、电话服务和研讨会可以帮助了解目标群体当前及期望的沟通渠道。当存在社会差异时这一点更为重要，因为社会差异会抑制公平沟通的有效性。实地评估对了解弱势群体的社会状况和需求至关重要。

**通向"最后一公里"的
实际参与**

为了保证气候服务的长期可持续性，必须对农业社区的需求做出反应并建立反馈机制，同时不断评估和改进产品和服务。生产者和使用者之间的双向学习过程是跨越"最后一公里"障碍的关键。很多时候双方需要进行多次互动才能达成一致。这再次强调了连接机制的重要性。事实证明，社区一级的实际参与对于最大限度地利用"最后一公里"并确保服务的相关性和可理解性是必要的。参与式的能力建设方法包括粮农组织的农民田间学校、WMO的巡回研讨会，以及CGIAR的气候变化、农业和粮食安全研究计划的参与式农业综合气候服务方法等。

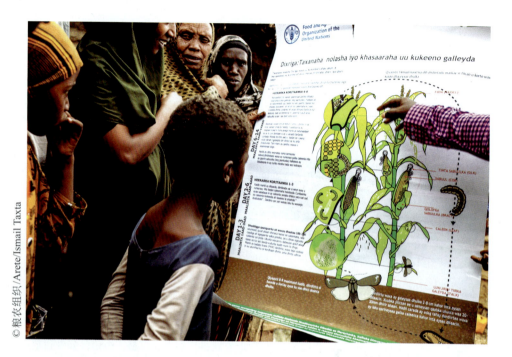

2.3　数据和方法

本报告收集了机构和农场一级的信息，以更好地了解用于向"最后一公里"传递信息的现有农业气象服务和通信渠道，并评估"最后一公里"的需求和偏好。该项调查针对NMHS开展，收到了来自粮农组织5个区域的36个NMHS的回复：10个来自非洲，7个来自近东和北非，5个来自亚洲和太平洋，4个来自欧洲和中亚，10个来自拉丁美洲和加勒比。为了确保问题被充分理解，调查以英语、阿拉伯语、法语和西班牙语进行。

调查包括以下7个问题：①农业部门早期预警系统的可用性；②农村社区对早期预警系统的使用情况；③提供气候服务的通信渠道；④通信覆盖范围；⑤参与提供气候服务的机构；⑥是否有针对性的气候服务；⑦农业气象服务的种类和在每个农业系统（作物、牲畜、渔业和林业）提供服务的频率。

本报告原计划在粮农组织每个区域至少一个国家的农业社区和用户中开展调查，但新冠疫情影响了数据收集和实地调查进度。尽管如此，依然在尼泊尔和塔吉克斯坦通过计算机辅助通信开展了两项到达"最后一公里"的农民调查。这些调查被翻译成塔吉克语和尼泊尔语，受访者多为农民和牧民，还包括少数渔业和林业部门工作人员。其中尼泊尔840份，塔吉克斯坦302份。

为了弥补"最后一公里"调查的不足，通过增加案例研究来更全面地了解各国家机构、联合国机构、私营部门、学术界是如何克服到达"最后一公里"障碍的。以下案例研究基于气候服务具体阶段选出。

数据收集和监测

- 西非定制农业气象服务
- 柬埔寨的数据共享和监测平台
- 加强塔吉克斯坦气候服务的体制安排和协议
- 促进伙伴关系，创造有利环境，将巴勒斯坦的农业气象数据与投入服务联系起来

共同生产定制服务

- 在肯尼亚联合生产因地制宜的商品气候服务
- 积极主动而不是被动反应：朝着菲律宾干旱的预期方法迈进
- 在北马其顿联合制作量身定制的疾病预测
- 拉丁美洲的地方农业技术气候委员会（LTACs）

打通沟通服务"最后一公里"

- 塞内加尔定制气候服务的交流与合作
- 对印度渔民的警告
- 埃及和黎巴嫩可持续水资源管理的电话应用

通向"最后一公里"的实际参与

- 东非农业气候恢复力增强倡议（ACREI）
- 农民和牧民的观点：尼泊尔农业气象信息的"最后一公里"需求和吸收
- 加强老挝的农业气候监测和信息系统（SAMIS）
- 塔吉克斯坦：来自农民和牧民的观点：塔吉克斯坦的"最后一公里"需求和农业气象信息的吸收

3 | 非　　洲

非洲大陆涵盖了范围广泛的生态气候区域，正面临多种气候、水文和气象灾害以及其他与气候关联的灾害（如虫害和疾病）

萨赫勒地区易受极端高温和高降雨变化的影响，并在雨季会经历更频繁、更长时间的干旱期。非洲过去的50年里，干旱相关的死亡占气候灾害死亡总人数的95%（WMO，2020）。非洲东南部的沿海地区容易发生热带气旋和强烈洪灾。高海平面正逐步加重对沿岸风暴浪潮的影响。气候和极端天气的变化也导致了该地区病虫害暴发愈发频繁严重。其对于动植物健康的威胁（如沙漠蝗灾暴发）正影响着整个非洲大陆的粮食生产能力，危及区域粮食安全。

所有这些气候现象的影响正不断扩大，其发生频率和影响强度都在不断增加，大多数气候敏感的领域（如农业），正遭受气候变化的严重影响。这些领域对气候变化有高度的依赖性，非洲的粮食生产体系是世界上最容易受到气候变化影响的地区之一。区域持续性的贫困严重限制了农业生产者改善生计的能力。

3.1 数据收集和监测

非洲，尤其是萨赫勒地区和非洲之角地区，极易受到气候变化的影响，这些地区由于面临的气候灾害较多，气候适应能力相对较差。因此，农业气候和气象服务对这些地区来说尤为重要。然而，WMO 地面观测站和全球综合监测系统平台的数据资料库显示，整个非洲大陆，尤其是萨赫勒地区、非洲中部和西南部，均缺乏气象观测网络系统。包括观测网络、数据以及数据管理在内的基础观测系统明显落后于全球平均水平。非洲的无信号台站（不向全球数据中心提供及时信息的台站）所占比例最高。即便是温度、压力和降水量变化等基础气象数据信息也仍缺乏台站观测数据（WMO，2019）。非洲大陆大部分地区都存在观测数据缺口，加之数据信息库不够完整，信息传递不充分以及国家和区域内部缺乏沟通，更加重了观测数据匮乏的多重缺陷。生成、提供和将从气候数据库、相关研究和建模中获得的信息背景化的能力较低。总体而言，缺乏观测数据严重影响了政府和利益相关方可用数据信息的质量，如支持农业生产的气候服务、价值链等相关的决策，这些信息是制定重要相关决策的基础（WMO，2019）。WMO 与世界银行和地球减灾与恢复基金共同努力，积极采取相关措施以弥补损失。预计总投资 6 亿美元（2015—2023 年）用于在萨赫勒以南的 15 个国家重建气候和水文服务系统。非洲水文气象项目正将上述计划纳入主流方案，该项目的重点是提高天气、水文和气候服务水平，以确保各国家、地区和社区能够提升有效抵御气候灾害的能力水平（世界银行，2021）。

同时，该项目还提出了包括在整个非洲大陆建设新气象站在内的其他举措。例如，横贯非洲水文气象观测等区域项目正致力于在非洲建立一个由 2 万个气象站组成的庞大气象观测网络，以加强区域农业水文气象监测和抵御气候变化的能力（横贯非洲水文气象观测项目，2020）。除了投资建设气象观测网络之外，重建历史记录的方法也能使 NMHS 获得历史数据和气候预测信息，以支持地方有效的政策制定。将质量控制的站点数据与卫星观测数据进行数据合并（如将卫星预测数据和气候模型分析数据融合在一起）。这些综合性的网格化数据集可用于生成适合用户需求的本地化历史和预测气候数据信息。国际气候与社会研究所的加强国家气候服务倡议已经证实了国家综合数据对气候服务具有重要价值（Dinku 等，2017）。该计划支持 10 个非洲国家（埃塞俄比亚、加纳、几内亚、肯尼亚、马达加斯加、马里、卢旺达、塞内加尔、坦桑尼亚和赞比亚）的 NMHS，通过将质量控制的站点数据与卫星观测数据合并，生成长期清晰的网格化历史数据集，以填补区域观测数据的空白。NMHS 利用这些网

©粮农组织/Arete/Ismail Taxta

格化数据生成衍生的历史、监测和极端天气预测信息的组合数据集。所有信息都以用户通过交互式在线"地图室"选择的地图、网格单元或行政边界分析的形式显示。部分国家（埃塞俄比亚、马达加斯加、马里、卢旺达和塞内加尔）和两个区域气候中心——政府间发展管理局（IGAD，Intergovernmental Authority on Development）——气候预测和应用中心（ICPAC，Climate Prediction and Applications Centre）及农业气象和水文气象培训中心（AGRHYMET，Agrometeorological and Hydrometeorological Training）已经扩大了它们的在线"地图室"，包括一系列基于日降雨量数据分析的农业相关产品。

3.2 共同生产定制服务

非洲绝大多数NMHS仅在有限的程度上探索了利用国家农业气象公报提供的信息的经济价值和效益（非洲气象应用促进发展中心，2020）。然而，在区域一级，部分机构和方案的出台正在支持向农民提供因地制宜的农业气象服务。例如，非洲气象应用促进发展中心（ACMAD，African Centre for Meteorological Application and Development）在向农业、水资源、卫生、公共安全和可再生能源领域的各种用户提供天气和气候信息方面的服务，成效显著。同样，非洲之角的政府间发展管理组织和气候预测和应用中心也为天气情况监测做出了重要贡献（气候预测和应用中心，2021）。气候预测和应用中心提供预警服务，并为如何减轻极端天气事件对农业和粮食安全、水资源、能源和卫生等众多领域的影响提供战略指导。在非洲西部，萨赫勒地区州际抗旱常设委员会（CILSS，Committee for Drought Control in the Sahel）通过农业区域中心，负责发布季节性农业-水文-气候公报，并向决策者提供有关农牧季节进展和前景的信息（州际抗旱常设委员会，2020）。

此外，南部非洲发展共同体——气候服务中心（SADC-CSC，Southern African Development Community Climate Services Centre）为监测和预测极端气候提供业务和区域性的服务。南部非洲发展共同体——气候服务中心通过开发产品，传播气象、环境和水文气象信息，并保障其10个成员国为应对气候变化风险做好万全准备。

在非洲一些国家，NMHS、非政府组织、民间社团和农业协会等机构正在开展积极合作，联合生产和设计气候服务工具。通过这种合作方式，成功地为生产者和用户之间共同生产信息、加强合作以及平等相互交流参与性方法提供了实证（Bacci等，2020；Vincent等，2018）。这一合作过程不仅提高了NMHS的可信度，而且突显了用户在气候服务生产过程中的参与度（**案例研究：在肯尼亚联合生产因地制宜的商品气候服务**）。

3.3 打通沟通服务"最后一公里"

农业气象信息、咨询和服务工具是农业决策的重要组成部分，是提高农业生产力和实现粮食安全的必备保障。在非洲，由于对推广人员进行集中培训的需求较大，农村人口占比很高，且在用户生计系统的背景下开展农业气象服务十分必要。非洲东部，尤其是埃塞俄比亚和肯尼亚地区的经验表明，相对于现代预测，农民往往更青睐当地传统的预测方法（Radeny等，2019）。现代的预测通常使用科学语言，提供的服务和产品往往不容易被农民理解，也不适合他们的需求。在农业社区，与当地文化兼容的本土知识体系往往更受信任。人们偏爱当地传统预测方法而非现代预测方法，其中一个原因就是，与复杂且有时难以理解的科学预测相比，传统预测方法本质上更简单、熟悉，容易理解。

然而，研究表明，气候多样性和气候变化的增加可能会影响本土预测方法的准确性和可靠性，这也进一步说明气候预测需要采用综合方法进行（Kalanda-Joshua等，2011；Risiro等，2012）。因此，共同生产和设计预测工具的过程对于以农村社区易于理解的语言提供气候服务来说至关重要。这将能够确保气候服务应用的普遍性，并逐步培养农村社区的主人意识。在此种意义上，包括农学家和社会科学家在内的推广人员发挥着关键作用，因为他们是气候、天气、农业信息生产者和"最后一公里"用户之间值得信赖的信息中介。

3.4　萨赫勒西部地区

在尼日尔，通过全球预报系统计算并发布的农业气象信息（如累计年降水量、雨天天数、连续最大干旱天数和超过20毫米的雨天天数）已通过调查研究在用户中进行了测试，该方法明确了通过智能手机接收短信提供气候信息服务的优势和不足（Bacci等，2020）。总体评价表明，信息生产和传播的过程是可持续的，并对特定环境具有较好的适应性。此外，用户愿意接受每十年一次的天气预报，尤其是关于可能对作物产生强烈影响的极端天气的预报（如干旱期）。在尼日利亚，研究表明农村女性农民对现有气候和农业信息有一定了解，但在某些地区，获得这些信息并不容易，主要的信息来源是社区会议和大众媒体（广播和电视）（Aliyu等，2019）。

在塞内加尔的30个地区开展的一项实地研究评估了生产者和地方使用气候服务方面的参与情况（Ouedrago等，2018），其研究结果表明，13个信息传播渠道中已有11个存在，27种针对不同农业系统（农民、牲畜和渔业）的气

©粮农组织/Arete Ismail Taxta

候服务中已开发了16种。然而，私营部门在气候服务、交付和培训的生产链中参与度较少，加上用户对天气预报准确性的认可有限，成为在全国范围内扩大气候服务的主要制约因素（见案例研究：塞内加尔因地制宜的气候服务的沟通和合作）。塞内加尔的其他研究评估了气候预报在推动农场决策方面的作用（例如关于是否提前播种以受益于降雨，还是推迟播种以避免干旱）（Roudier 等，2014）。前期研究表明，气候预测必须有适当的目标，以确定最佳的比较优势；并将不同规模和跨部门综合信息的方式整合起来，以证明其在向农民提供广泛应对方案时的有效性。在布基纳法索进行的一项研究表明，国家气象局（ANAM，the National Meteorological Agency）需要将提供气候服务纳入主流，并通过现有通信手段（如广播、电视和移动电话）以及推广服务进行渠道开拓（Alvar-Beltrán 等，2020）。在马里进行的另一项研究评估了该国农业气象咨询方案的优点和不足，强调在传播信息之前明确气候服务用户预期的重要性。这项研究还强调了气候服务生产者在与不同人群接触，并确定潜在用户及其具体需求时可能面临的挑战，即这些行动需要对角色、责任和权力结构具有高度的敏感性。最近一项关于西非气候服务的审查强调了气候服务的可及性水平，根据研究的不同，可达6%～75%。该项审查显示，西非地区气候服务的可获得性低于东非（Vaughan 等，2019）。此外，Vaughan 等还发现，大多数（在非洲的六项研究中平均为74%）报告获得季节性预报的农民也承认根据这些信息采取了相应行动，这表明了农民对这类预报信息具有强烈的需求。在西非开展的有关农业气象产品和服务的最大举措之一是WMO的METAGRI倡议，该举措为农民提供适当的气候和天气信息咨询服务，为农民农事活动的安排提供有效支持。通过巡回研讨会、当地媒体和推广服务向用户提供气候服务，包括早期预警、天气和季节预报，以及农业气象产品（例如10天农业气象咨询，包括与分发给农民的雨量计观测降雨量相关的播种日历）（Tarchiani，2019）（详见案例研究：西非定制农业气象服务）。

3.5 东部、中部和南非

在东非，缺乏气候服务沟通主要是由于将产品翻译成当地语言存在一定的障碍，以及科学家和客户之间没有建立信息反馈的循环（Vogel 等，2019）。为了解决这一问题，CGIAR确定了提供服务的更好方式，以及以较低成本宣传和利用不同通信手段的必要性（例如移动电话技术、电视、社交媒体、广播、短信服务和网站更新）。在坦桑尼亚联合共和国，推广官员通过农民之声广播（FVR，Farmer Voice Radio）向农民提供农业咨询服务。通过手机或问卷的反馈机制提高了广播节目的效率，并允许农民可以通过收听社团分享关于最佳做法的信息，以获得同行支持（Sanga等，2013）。坦桑尼亚联合共和国的另一项研究评估了使用替代通信渠道（无线电和短信）向农民传递实时农业气象信息的成本效益（Silvestri等，2020）。总的来说，无线电和短信操作简便，因此可以很好地提高人们对新品种和种植方法（例如土地准备和播种密度）的认识。在肯尼亚，2014年的"分散式气候信息决策服务"项目致力于提高渔民解读天气信息的能力，以适当地解决农民的日常农事安排。在埃塞俄比亚，由于农业气象服务稀少且不易获得，牧民主要依靠传统指标（例如迁徙走廊、水和饲料供应）安排农事活动，而在马拉维，农事决策则以本土知识和个人经验为基础。目前的科学气候信息并不被接受，因为农民认为这些数据不太可靠，也不够具体，对他们的农业活动没有帮助（Coulibaly等，2015）。

除了向农民提供气候信息外，接受调研的农民还要求获得更多关于作物管理、技术改进以及农业投入品（如化肥和种子）供应方面的信息。在乌干达，政府机构和民间社会组织主要通过互联网、调频广播、教堂、清真寺、社区会议和移动电话传播天气预报。但是，信息交流的方式因受众的不同而会有所不同。例如，虽然互联网的目标用户是政府机构，但广播的受众则是全体民众（Tiitmamer和Mayai，2018）。将农业气象信息翻译成当地语言，通过信息反馈和调查机制不断监测气候咨询服务的质量，是提高咨询信息质量的关键。此外，目前索马里、南苏丹和其他几个东非国家正在开发一种强有力的气候分析和可视化工具，用于ENACTS项目中使用该方法进行农业决策的制定（Walsh，2020）。ENACTS项目旨在将可靠和易于获得的气候信息提供给国家决策者，这种方法不仅是简单地生成气候数据，还要考虑到其潜在用户对这些数据的访问和使用需求。

3.6 通向"最后一公里"的实际参与

在过去十年中，非洲各地试验了许多新颖且成功的方法来支持农民获取气候信息。PICSA项目采用的方法就是一个例子，该项目促进农民根据准确的、针对特定区域的作物生产和与牲畜有关的天气信息做出决策。PICSA的方法包括在不同时期开展的一系列活动：

1）远在生长季节之前（季节性历法、资源分配地图、历史气候信息和作物、牲畜选择、参与度预测、农民的认知以及灾害概率和风险）；

2）在生长季节开始之前（确定并选择对气候预报的潜在响应）；

3）在生长季节期间（选择对短期预报和预警可能出现的应对反应）；

4）生长季节之后（回顾经验教训，改进整体PICSA方法）（Dorward等，2015）。

这种参与式方法已在几个非洲国家的项目中得到应用，包括布基纳法索、埃塞俄比亚、加纳、肯尼亚、马里、尼日尔、卢旺达、塞内加尔、乌干达和坦桑尼亚联合共和国。联合国和区域农业气象机构（包括气候预测和应用中心、WMO和粮农组织）也在东非的一个区域项目中采用了PICSA的方法，在该项目中，推广人员通过接受气候信息、讲解和交流方面的培训，来指导农民活动（**案例研究：东非农业气候恢复力增强倡议（ACREI）**）。在马拉维和坦桑尼亚实施的非洲气候服务全球框架适应性计划中，坦桑尼亚的首席执行官推广了PICSA方法，并将其作为为农业和粮食安全提供气候服务的手段之一，即通过互动无线电向农民和牧民提供气候服务（气候服务全球框架适应性计划，2017）。迪米特拉互助会是另一种重要的参与式方法，撒哈拉以南的非洲地区有超过3 400个迪米特拉互助会，总计超过10万名成员。该组织支持农民通过加强行动和性别敏感的方法组织起来，利用当地资源解决当地问题（粮农组织，2015）。粮农组织通过农民田间学校的形式为非洲各地的农村社区提供了广泛支持，这是一种非正式的教育方式，其特点是在当地知识体系基础上进行集体实践学习。莫桑比克是拥有最多数量农民田间学校的地区之一，全国共有1 000多所农民田间学校，约有27 500名农业生产者（粮农组织，2020）。粮农组织支持农民田间学校的从业人员进一步了解当地农业系统对极端天气事件的暴露方式和敏感性，并通过制定针对具体情况的适应性战略来降低环境风险。基于WMO METAGRI业务项目举办的巡回研讨会进一步提高了公众对气候风险以及农民可获得气候信息和服务的认识（Tarchiani，2019）。这些研讨会还促进了小规模农业生产者和NMHS之间反馈机制的完善。正如前文所述，这些反馈机制对于改进气候信息产品以开展气候知情行动至关重要。研讨会提供了一个开放的公开交流论坛，农民和粮食生产者可以在论坛上提出他们关切的问题，并为气候信息产品的潜在用途提供相关建议（**案例研究：西非定制农业气象服务**）。

3.7　投资需求

撒哈拉以南的非洲地区一直以来都是小规模农业生产者获得公共气候资金投入最多的地区。撒哈拉以南非洲所有跟踪项目中，91%是针对适应气候变化的，每年约有10亿美元用于改善农业生产，13亿美元用于气候适应基础设施建设和农村生计改善（Chiriac，Naran，2020）。每年有36亿美元从经合组织（OECD，Organisation for Economic Co-operation and Development）国家转移到撒哈拉以南非洲的非经合组织国家。本报告确定的投资领域优先事项以及加强非洲气候服务框架的关键包括：

1）避免零散的投资，为气候服务框架的每一个环节提供资金支持。

2）扩大投资范围，在整个非洲大陆安装自动气象站和雷达，增强国家持续监测和维护气象站运行的能力。

3）对天气、水文、气候监测和天气预报，以及作物、水、森林等其他部门的建设进行投资，并将其与气候预测结合起来。

4）对数字化和历史数据的质量负责，以确保气候服务和应用程序（如预测、气候预报）的可操作性。

5）对信息通信技术，包括开发对数字农业转型至关重要的移动应用程序、短信或其他通信服务进行投资。

6）加强私营部门在解决NMHS和众多农业推广服务资源限制方面的能力。

7）建立私营部门伙伴关系，支持公平地获取沟通渠道的机会，并扩大气候服务和农业咨询的受益人数，重点关注包括妇女在内的弱势群体。

8）对农业推广和已成功的参与式方法进行投资，如农民田间学校，同时开发设计气候相关课程，重点关注如气候服务在包括妇女和青年在内的弱势群体中的应用。

9）对研究开发定制服务进行投资，以证明在关键部门使用气候服务的经济价值和效益。

10）对研究开发为可持续和气候变化适应的农业实践提供高效和可推广的解决方案进行投资，包括直达"最后一公里"等气候服务。

11）向所有潜在的合作伙伴和投资者制订优先事项和行动计划，以便采取统一而非分散的方式进行投资。

3.8　区域结论

下文提供的挑战和投资建议是基于对文献的广泛搜索，其中包括研究论文、技术报告、联合国官方报告和WMO作为气候服务全球框架适应性计划项目组成部分之一举办的区域研讨会。这些行动和提出的建议旨在改进气候服务的效率和可获得性，是考虑到弥合"最后一公里"差距的关键需求以及有关区域的社会经济背景而制定。

气候服务框架步骤	主要挑战与障碍	优先行动领域
数据收集、监测和预测	■ 农业气象观测网络覆盖不足，且呈现衰退趋势 ■ 现有气象观测站分布不均，在农村地区的覆盖范围较小 ■ NMHS 和农业部门用于开发和维护基础设施、观测系统、预报工具、人员能力以及服务提供机制的资金不足 ■ 由于缺乏数据，数值模式的天气预报准确性较低 ■ 气象和农业历史数据集不完整，数据的格式不同（包括硬拷贝）	■ 建立数字化、协调统一、涵盖各机构和全球来源观测到的数据的国家数据存储库 ■ 在安装观测网络时，使用相同标准的设备，便于与其他数据进行整合 ■ 将不同的观测平台、数据处理计算机、分析同化系统、数值模型和预报员工作站集成为一个端到端的系统 ■ 促进创新数字化工具的推广 ■ 改进现场数据收集方法，以便进行实时决策，监测和减少沙漠蝗虫等灾害的暴发 ■ 提高数据分析和产品开发软件的可用性 ■ 利用数据再分析和卫星衍生产品开发网格数据库和集成技术 ■ 使用数据合成技术来填补历史监测数据中的空白，并将整合后的数据作为本地化信息产品和服务的基础 ■ 通过将质量控制的站点数据与卫星预测和气候模式再分析产品等代理数据结合起来，对数据整合进行投资
任务小组和数据共享	■ 政府机构难以获得现有的气候信息和天气数据 ■ 数据共享和访问可能受到法律限制 ■ 与数据访问相关的成本较高 ■ 对科研院校参与工作组讨论的支持和激励措施不足（例如多学科工作组）	■ 支持国家机构之间的正式协议和长期伙伴关系，以获得机构和财政支持 ■ 开发便于用户操作的界面，目标用户（政府机构、研究人员和私营部门）可以与软件或工具交互 ■ 对用于数据和产品交换的开放数据平台的技术和IT基础设施进行投资 ■ 建立必要的区域和国际合作，以促进更精准的区域数值天气预报模型和特定位置预报产品的运行 ■ 通过多学科和定期的协调会议，建立或加强政府和非政府机构、研究机构和私营部门的国家工作组

气候服务框架步骤	主要挑战与障碍	优先行动领域
共同开发有针对性的农业气象咨询	■ NMHS与农业部门之间缺乏沟通 ■ 政府机构对在农业中使用气候服务益处的认识有限 ■ 现有的操作界面不够直观，相关人员需要经过培训才能进行操作	■ 通过用户参与的共同生产模式，作为投资者微型项目的基础，解决小规模农业生产者的风险管理问题 ■ 推广用户界面平台，并为气候服务生产者和用户的参与提供途径 ■ 开发具有GIS功能的平台，将数据库和包含农业与天气变量等地理空间信息的"地图室"联系起来 ■ 支持与部门专家签订合同，以确保采用气候和天气数据来开发农产品相关模型或方法 ■ 通过已被证明有效并在农业部门成功实施的食品价值链方法进行数字化技术创新
向"最后一公里"提供服务的通信	■ 缺乏互联网、电话或其他信息通信技术手段 ■ 对使用气候服务和农业咨询的益处缺乏认识，与用户的接触不足 ■ 与信息传递有关的语言障碍 ■ 通过技术顾问进行信息沟通的可用性有限 ■ 天气信息和农业咨询并不总是以当地语言提供	■ 在通信技术领域建立公私伙伴关系，以扩大受益人数，例如政府通过与移动电话公司签订合同，提供信息服务并加强对地方无线电和通信技术的利用 ■ 投资开发针对性农业气象内容（如无线电产品、电视节目内容、短信文本）信息传播的渠道 ■ 通过确定目标用户最有效的通信手段和首选通信渠道，弥合早期预警和"最后一公里"之间的差距 ■ 确定适当的时间、语言和格式，增加农民对信息的可获得性，以强化信息应用 ■ 让非政府组织和社区组织参与培训，并提高对气候服务效益的认识 ■ 对加强农业推广服务能力进行投资

气候服务框架步骤	主要挑战与障碍	优先行动领域
"最后一公里"的参与	▪ NMHS 在社区内分布较少 ▪ 即时的天气预报和气候信息不够准确 ▪ 女性参与和认知存在差距 ▪ 缺乏支持农民参与和外展的资金	▪ 推广在非洲大陆取得成功的参与式方法和反馈机制,包括粮农组织的农民田间学校、迪米特拉互助会、WMO 巡回研讨会、参与式农业综合气候服务方法 ▪ 定期对用户定制农业气象信息的需求进行评估,并根据用户的定期反馈制定能够满足这些需求的解决方案 ▪ 确保始终有在决策过程中代表性不足但在农业和数字化创新中发挥重要作用的群体(如妇女和青年)的参与(例如在概念化、设计和开发有针对性的农业气象咨询时促进社区协商) ▪ 自助农民参加研讨会
气候知情行动	▪ 使用不易理解和不符合农民需要的科学语言 ▪ 现有天气和季节性气候预报与农民需求之间存在差距 ▪ 气候服务并不总是与特定类型的农业实践相关	▪ 促进农民与其他利益相关方之间的数字化知识学习与交流 ▪ 将天气、气候和农业技术信息转化为对农户的可操作性服务,并适当使用社会经济和社会科学相关的信息 ▪ 资助农民参与气候服务发展的每个阶段,并确保气候服务以用户为中心 ▪ 投资建立示范项目,加深人们对使用气候服务益处的信任和理解

调查结果：农业气象咨询

本节介绍了针对以下问题的调查结果：

NMHS向"最后一公里"提供了哪些信息？原始调查模板见附件一。

表3-1　非洲地区的农业气象咨询调查结果

	肯尼亚	马里	莫桑比克	多哥	尼日尔	尼日利亚	科特迪瓦	乍得	塞内加尔	布基纳法索
最佳播种期	✓		✓		✓	✓	✓	✓		✓
雨季开始	✓	✓	✓	✓	✓	✓	✓	✓	✓	✓
雨季期间	✓	✓	✓	✓	✓	✓	✓	✓	✓	✓
干旱	✓	✓	✓	✓	✓	✓	✓	✓	✓	✓
假雨季开始	✓	✓	✓	✓	✓	✓	✓	✓	✓	✓
累计降水量	✓	✓	✓	✓	✓	✓	✓	✓	✓	✓
蒸发量	✓		✓		✓		✓	✓		
累计生长度日							✓			
土壤水分			✓				✓	✓		✓
季节性预测	✓✓	✓	✓✓		✓✓	✓✓	✓✓		✓✓	✓✓
降水预报	✓	✓	✓	✓	✓	✓	✓	✓	✓	✓
温度预报	✓	✓	✓	✓	✓	✓	✓	✓	✓	✓
病虫害预报			✓							
冰雹预报	✓									
风力预报	✓		✓✓	✓	✓		✓✓			
水资源供应	✓		✓		✓		✓	✓		✓
潜在热应力	✓		✓			✓	✓			
潜在疾病发生区	✓✓		✓✓				✓✓	✓		
潜在雷击区	✓✓✓						✓✓	✓	✓✓	
跨牧业走廊							✓		✓	
潜在冲突区									✓	
饲料供应							✓			✓
潜在极端天气事件	✓		✓	✓	✓	✓	✓	✓		
海浪预报	✓		✓				✓			
风暴浪潮	✓		✓				✓			
能见度预报			✓				✓			
海面温度							✓			
野外火灾易发区							✓			✓

 作物 　 畜牧 ✓　 渔业 ✓　 林业 ✓

调查结果：沟通渠道

本节介绍了针对以下问题的调查结果：

当前，将天气信息和天气警报传递到"最后一公里"的方式是什么？原始调查模板见附件一。

图3-1　非洲地区用于向"最后一公里"传递天气信息和天气警报的手段

注：这里所载的结果不代表所有现有的传播方式，农业推广人员、海报、公众会议、面对面等信息传播手段未列入其中。

案例研究

在肯尼亚联合生产因地制宜的商品气候服务

©PeXels/Tom Fisk

🌐 国家：	🏛 机构：
肯尼亚	肯尼亚茶叶委员会、茶叶研究基金会、气象局、农业部、农业部茶叶发展局、茶农协会和东非茶叶贸易协会

背景

肯尼亚的茶叶生产额占该国出口收入的最高份额之一（26%），并贡献了4%的国内生产总值。茶叶出口产生的收入对于维持谷物的进口十分重要。茶叶生产行业雇用了大量来自易成为粮食短缺的边缘地区的工人。肯尼亚茶叶委员会促进了国内和国际市场上高品质茶叶的生产和销售。茶叶生产面临着极端天气和气候的高风险，由于霜冻和冰雹等天气可能会破坏茶园，在气候敏感的物候期风险尤其高。为了应对日益增多的极端天气，茶叶研究基金会的科学家们开发了抗旱的茶叶品种和产量预测模型，在一定程度上减轻了气候变化的潜在影响。扶轮基金会与肯尼亚气象局开展了强有力的合作，并使用了扶轮基金会在肯尼亚克里乔所在地的气象站提供的数据。然而，要为农业用户提供针对特定商品的气候服务，还面临一些重大挑战。

打通"最后一公里"的主要挑战

- 肯尼亚气象局提供的气候信息需要在国家专家的支持下进一步进行完善，以生成具有实操性的建议，供茶农提前做出决策。
- 茶叶生产者并不总是了解天气和气候术语，并且不完全了解使用气候信息来减少作物损失和提高产量为基础做出决策的益处。
- 对茶叶生产者和农民之间互动的培训和示范基地有限。

使用气候信息咨询的益处

- 肯尼亚气象局定期举办由省气象局主办的研讨会，与农业社区讨论与茶农有关的天气信息产品和信息服务（例如降温和强降雨），包括对茶叶种植区气候和天气影响的预测。

©2010CIAT/NeilPalmer

- 在生长周期内的敏感时期，为茶叶生产者提供因地制宜的预报，以帮助农民调整播种和收获时间。这些预报包括肯尼亚西部地区1～3月的霜冻警告，以及该国东部地区12月至翌年3月的霜冻警告。
- 关于冰雹和霜冻天气潜在损失（通常发生在8～10月）的预测信息可以减少作物产量损失。

经验教训

- 私营部门、学术机构和政府机构之间的合作为共同设计和生产因地制宜的气候服务提供了必要的专业知识支撑。
- 针对特定区域的定制气候服务商品，显著提高了这些服务对农业社区和整个社会的价值。
- 加强与社区开展工作的非政府组织和社区组织的合作，探讨与粮食安全和降低灾害风险相关的问题，以提高认识并促进用户信息的传播。

工作展望与投资机会

- 增加对基金会现阶段相关研究的投资；对适应气候变化的茶叶品种和农业实践进行试验测试；提高肯尼亚气象局成员的学习吸收能力。
- 投资评估肯尼亚茶叶生产者从气象局获取量身定制气候服务可获得的经济效益。

参考文献：

Kadi, M., Njau, L.N., Mwikya, J. & Kamga A. 2011. *The State of Climate Information Services for Agriculture and Food Security in East African Countries.* CCAFS Working Paper No. 5. Copenhagen, Denmark.（详情可见https：//ccafs.cgiar.org/sites/default/files/assets/docs/ccafs-wp-05-clim-info-eastafrica.pdf）

案例研究

塞内加尔定制气候服务的交流与合作

©Jorge Alvar-Beltrán

国家： 塞内加尔

时间： 2018年

机构： 国家民用航空和气象局、粮农组织和WMO

背景

塞内加尔国家民用航空和气象局通过提供气候和天气信息并向农业部门提供早期预警信息，在塞内加尔的粮食部门发挥着关键作用。在雨季，塞内加尔国家民用航空和气象局制作为期10天的农业气象公报，并协调由各机构代表组成的多学科工作组（图3-2）。根据WMO的METAGRI业务项目，与邻国相比，媒体对农业气象公报的报道被评价为较高。事实上，在塞内加尔，METAGRI的活动在媒体上产生了很大反响，这主要得益于媒体对活动的参与，以及制作了一部以农民为视角的电影，增强了观众的信心。2015年，塞内加尔全国共有740万农村人口获得了气候信息。截至2018年，国家民用航空和气象局已与全国各地的农民、牧民和渔民举办了500多场研讨会。

打通"最后一公里"的主要挑战

- 西非地区现有的预测模型空间分辨率低，高分辨率卫星图像十分有限。
- 气候服务的社会经济价值和效益没有宣传。
- 对于农业用户来说，短信是仅次于社区无线电的第二大最有效的通信手段，但短信仍然使用法语，而不是该国使用最广泛的沃洛夫语。
- 塞内加尔国家民航和气象局与国际电信运营商Orange达成了向农民提供气候服务的协议，但传递这一信息的成本仍然很高，这限制了受益者的数量。

使用气候信息咨询的益处

在塞内加尔使用气候服务的多重好处已得到认可。例如，气候服务有助于减少支出和农业劳动力。例如，季节性预测可以帮助农民调整播种日期，选择最合适的作物品种。塞内加尔农业部现在认为气候服务是必不可少的农业部门投入（图3-3）。

图3-2 塞内加尔共同制作的农业气象公报

图3-3 国家民航和气象局使用通信技术向农业用户提供气候服务

©CTA ACP-EU-Flickr

经验教训

- 与工作组合作伙伴（包括当地电台和社区领袖）分享沟通策略，有助于集中和协调与农户的沟通。
- 与电话运营商建立合作伙伴关系，尤其是与该国拥有800万移动用户的Orange建立合作伙伴关系，可以为接触更多农户开辟新的机会。
- 引导农民认识到使用气候服务的好处，促进其农业社区更广泛地采用。
- 农民应在雨季开始前接受培训，以充分受益于国家民用航空和气象局举办的培训班。

工作展望与投资机会

- 对气候服务的使用和服务提供的支付意愿进行成本效益分析。
- 加强国家民用航空和气象局在数值天气预报模型以及作物和水平衡模型方面的能力。
- 进一步为农民制定灌溉计划，以及平衡经济作物和主要作物的作物战略。
- 加强与电话运营商（Orange 和 Tigo）和其他为农村发展提出信息通信技术解决方案的公司（例如本地初创企业）的合作伙伴关系。

参考文献：

CCAFS. 2015. *The impact of Climate Information Services in Senegal.* CCAFS Outcome Study No. 3. Copenhagen, CGIAR Research Program on Climate Change, Agriculture and Food Security (CCAFS) .（请通过以下链接查阅：https：//ccafs.cgiar.org/outcomes/impact-climate-information-services-senegal）

Ouedraogo, I., Diouf, N. S., Ouédraogo, M., Ndiaye, O., & Zougmoré, R. B. 2018. Closing the gap between climate information producers and users：Assessment of needs and uptake in Senegal. *Climate,* 6（1）；13.

WMO-FAO. 2018. Documents from WMO-FAO Senegal and Rwanda Project [online]. [Cited 11 March 2021]. http：//www.wamis.org/agm/faoproj/.

案例研究

东非农业气候恢复力增强倡议（ACREI）

 国家：
埃塞俄比亚、
肯尼亚和乌干达

 时间：
2012—
2015年

 机构：
IGAD、气候预测和应用中心、粮农组织、WMO、NMHS以及埃塞俄比亚、肯尼亚和乌干达农业部

背景

ACREI正在实施适应战略和措施，以加强非洲之角脆弱的农民和牧民对气候变化的适应能力和恢复力。通过共同开发基于预测的咨询服务产品，ACREI正在改善向小农提供气候服务，以增加气候知情决策。ACREI采用的参与式规划方法通过将目标区域的气候信息的生产者和用户聚集在一起，在计划开始前举行为期两天的研讨会，从而将共同开发的过程降至地方层面（图3-4）。

本地化气候服务中发展行为者的能力建设

农业咨询服务

以用户为中心的气候产品，服务和工具

提高（农业）牧民对气候可变性和变化的适应力

社区气候服务

传播和使用针对具体地点的气候预报

当地驱动的适应和创新的实地学校

图3-4　通过了解气候行动增强（农业）牧民的恢复力

资料来源：粮农组织，2020年

打通"最后一公里"的主要挑战

- 缺乏针对特定地区的气候咨询服务，对气候信息生产者所用术语的理解有限。
- 技术顾问交流信息和支持的可用性有限能力建设，以及用于推广服务的有限财政资源。

使用气候信息咨询的益处

- 在联合制作研讨会期间，将利益相关者召集在一起，共同为下一季提供技术上合理、与当地相关、有用并根据用户需求量身定制的建议。
- 促进农民参与季节性咨询的制定过程可以建立信任，使农民获得对咨询的主人翁意识，从而逐渐积极改变农民对气候服务的看法。
- 参与式情景规划过程为利益相关者提供了对预测提供反馈的机会。农民可以利用这些信息来决定最适合下一季的种子和投入物的采购，并改进农业活动（例如播种和收割）的时间安排，以最大程度地减少损失并提高产量。

经验教训

- NMHS分散的国家（例如肯尼亚）在让农民参与气候信息相关问题方面具有优势。
- 只能支持少数"最后一公里"的代表参与季节性联合制作过程，因此使用各种沟通渠道进行更广泛的传播活动至关重要。让广播电台参与传播气候信息并确定最适合农民的时间、语言和格式对于实现信息访问和提高其吸收率至关重要。
- 最初的研讨会在作物生长季开始时举行，但向农民和其他利益相关者提供的季节间预测更新使其能够在整个季节过程中随时改变策略。

©CTA ACP-EU-Flickr

- 在这一过程中掌握当地技术知识的专家也包含在内，可以将传统和当地知识与科学信息相结合。
- 确保男性和女性都参与季节性咨询发展研讨会至关重要。增强农业气候恢复力倡议的基线调查发现，人们对气候灾害的性别影响了解有限，这是一个需要进一步提高认识的领域。

©粮农组织/Petterik Wiggers

工作展望与投资机会

■ 建立地方层面参与气候咨询制定过程的制度。包括确保国家和地方政府有缩减规模的预算；在地方层面进行共同开发；依据气候和天气信息开展农民外展活动；与当地媒体开展互动；以及提高监测和评估的能力。

■ 继续建立NMHS与农业和畜牧业部门之间的伙伴关系，建立部门间协调机制。

■ 支持NMHS工作人员的权力下放，如肯尼亚。

■ 建立有效的反馈机制，加强沟通，增加"最后一公里"的气候和天气信息的可获得性。

■ 加强信息解读和利用的能力建设，提高农民对气候信息的认识。

■ 支持农民或社区应用雨量计进行当地气候监测，加强其对当地气候条件以及地方和国家气候预报之间关系的认识。

■ 利用现有的信息和通信技术并加强媒体从业者通过媒体伙伴关系实际参与情景规划，进一步加强气候信息的传播和反馈机制的发展。

参考文献：

CARE. 2018. *Practical guide to Participatory scenario planning: Seasonal climate information for resilient decision-making.* （available at https：//careclimatechange.org/wp-content/uploads/2019/06/Practical-guide-to- PSP-web.pdf）

WMO. 2021. Enhancing Climate Advisories for Resilience in East Africa. In：*WMO* [online]. [Cited 11 March 2021]. https：//public.wmo.int/en/enhancing-climate-advisories-resilience-east-africa.

编制：Sebastian Grey（WMO）、Oliver Kipkogei（IGAD-ICPAC）和 Deborah Duveskog（FAO Kenya）。

案例研究

西非定制农业气象服务

©AFDB

 国家：
贝宁、布基纳法索、佛得角、乍得、科特迪瓦、冈比亚、加纳、几内亚、几内亚比绍、利比里亚、马里、毛里塔尼亚、尼日尔、尼日利亚、塞内加尔、塞拉利昂和多哥

 时间：
2012—2015年

 机构：
WMO、17个国家的NMHS、农业气象和水文气象培训中心、法国农业国际发展研究中心和西班牙国家气象局

背景

2008年，WMO启动了METAGRI项目，为14个西非国家的自给农民提供巡回研讨会。最初的项目后来通过METAGRI业务项目（2012—2015年）扩展到17个国家，该项目为包括农民、牧民、林务员和传统渔民在内的广大农户提供农业气象服务，成功举办了428场巡回研讨会，7 258个村的1.8万余名农民接受了培训，向个人发放了雨量计8 000余个，主要资金由挪威和西班牙政府提供。

打通"最后一公里"的主要挑战

- 该地区的农业气象服务正在增加，但大多数小农户往往不容易获得这些服务，或者与支持他们决策的制定无关。
- 从发布咨询服务到农民接受咨询服务之间的时间间隔很长，尤其是在信息网络薄弱、距离遥远且面积较大的国家。
- 农业气象服务未充分翻译成当地语言或以农业社区易于理解的方式呈现。

使用气候信息咨询的益处

对农民行为和绩效的外部评估表明，农民出于多种原因在其经营活动中使用农业气象信息：

- 根据季节气候预报和播种日历，对作物选择和地块分布做出策略选择。
- 提前规划播种日期以避免播种失败。该项目通过播种日历的使用以及开展关于如何使用雨量计信息的培训从而避免了播种失败的问题。
- 更好地根据降雨规律调整作物发育和生长周期，并根据天气预报和雨量计选择最有利的时期开展栽培作业（图3-5）。

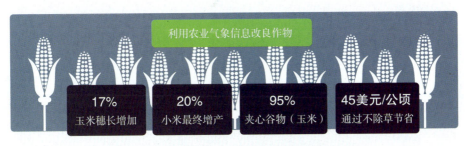

图3-5　在METAGRI业务项目期间观察到的在17个西非国家使用农业气象服务的获益

资料来源：WMO，2019年

这些良好做法和行为改变的影响带来了作物生产力的提高以及农业投入和工作时间方面成本的降低。例如，2016年在毛里塔尼亚，使用农业气象服务的附加值估计为每公顷260美元。

经验教训

- 当NMHS、农业部和农民之间的关系牢固时，产生的农业气象服务更有可能对农业社区产生积极影响。
- 双向培训和提高认识活动可以加强NMHS和媒体之间的关系和信任，从而增强农民和NMHS之间的关系与信任度。
- 本地广播是传播农业气象服务和在"最后一公里"用户中建立意识最有利的信息和通信技术（图3-6）。
- 缺乏翻译成当地语言的气候预报和建议，可以通过编制当地语言的天气术语表来解决。
- 通过短信传递农业气象咨询或气象预警的成功率很高。
- 大量用户使用移动电话，可以减少与向农民传播气候服务相关信息的时间延迟和成本。
- 多学科方法有助于清楚地了解影响"最后一公里"对气候服务看法的潜在文化和背景因素。

国家	地方电台	国家广播	电视	新闻出版社
贝宁	✗			✗
布基纳法索	✗	✗	✗	✗
佛得角		✗	✗	✗
乍得	✗	✗		
冈比亚	✗	✗		
加纳	✗	✗	✗	✗
几内亚	✗			✗
几内亚比绍	✗	✗		
科特迪瓦	✗	✗	✗	
利比里亚	✗			
马里	✗			
毛里塔尼亚	✗	✗	✗	✗
尼日尔	✗			
尼日利亚	✗	✗	✗	✗
塞内加尔	✗	✗	✗	✗
塞拉利昂				
多哥	✗	✗	✗	✗

图3-6　在METAGRI覆盖的国家提供农业气象信息的最广泛的信息和通信技术手段

资料来源：WMO，2019年

图3-7　METAGRI巡回研讨会参与者注册，伊莫州奥韦里，2011年。

工作展望与投资机会

■ 根据"最后一公里"用户的特定需求对现有的信息且能够产生大规模影响方式的定制。

■ 加强NMHS与地方电台之间的合作以确保信息覆盖农村地区；并通过与气象学家和媒体的研讨会建立联系，开展提高认识的活动。

■ 针对口译和笔译进行投资以克服语言障碍，使地方领导人能够做出贡献并促进气候服务的应用；继续改进沟通策略（如可视化、播客、消息传递）和传播渠道（如广播、社交媒体、SMS、WhatsApp）。

■ 通过公私伙伴关系对提高气候服务的可用性进行投资，并优化气候服务资源的分配，吸纳投资的能力将取决于气候服务的经济价值和效益。

■ 关键行业。建立与媒体和信息通信技术企业的公私合作伙伴关系可以降低通信和传播成本，并支持开发对用户更加友好的农业气象服务。

■ 开发新的商业模式，该模式基于"最后一公里"用户获取气候服务的实证、对这些服务的应用以及气候服务的短期和长期影响。

参考文献：

Bacci, M., Ousman Baoua, Y., & Tarchiani, V. 2020. Agrometeorological Forecast for Smallholder Farmers：A Powerful Tool for Weather-Informed Crops Management in the Sahel. *Sustainability*, 12（8）：3246.

Tarchiani, V., Camacho, J., Coulibaly, H., Rossi, F. & Stefanski, R. 2018. Agrometeorological services for smallholder farmers in West Africa. *Advances in Science and Research*, 15：15-20.

WMO. 2019. *Evaluation Report of METAGRI Operational Project (2012-2015)*. CAgM Report, 107. WMO. Geneva, 94 pp.

编制：Vieri Tarchiani（IBIMET），Jose Camacho（WMO）。

4 | 近东和北非

在近东和北非地区，有限的淡水资源、城市化、人口增长、战争和移民加剧了人居环境和生态系统的压力

气候变化和气候多变性正在加重对包括淡水资源的数量和水质在内的，该地区确保粮食安全和维持农村地区生计能力的负担（联合国西亚经济社会委员会等，2017）。近东和北非地区是世界上人均水资源量和可用耕地最少的地区，据预测，人均可再生水的供应量在未来还将下降一半（Banerjee等，2014）。该地区的许多国家已经观察到极端高温、干旱、洪涝和其他极端天气事件频率和强度增加。近东地区主要受到干旱的影响，而北非则越来越多地受到洪水的影响。例如，2007—2010年，约旦和叙利亚的旱灾对其农业部门产生了破坏性的影响，2008年的也门洪灾导致贫困率增长，并使无法得到粮食安全保障的人数增加了15%（Verner，2012）。气温升高和降水模式的不断变化也给该地区的畜牧业活动带来越来越多的挑战，这些变化可能会增加病媒传染的疾病以及蜱虫和大型寄生虫的传播，并导致新型疾病的出现。

4.1 数据收集和监测

在约旦、黎巴嫩、摩洛哥和突尼斯，相关机构设置了高密度的气象观测站网络对气候进行监测。然而，在近东和北非的大部分地区，政府和利益相关者之间的数据共享存在空缺，阻碍了有效的端到端和以人为本的早期预警系统的发展，而这些早期预警系统的基础是农民和牧民产生、沟通和接收的数据。用于研究的观测数据和分析极端气候变化的数据仍然十分有限。例如，在阿尔及利亚、埃及和伊拉克，气候数据并不容易获得（Donat等，2014）。

2014年阿拉伯气象学常设委员会第30次会议呼吁组织一次协商会议，议题为建立阿拉伯气候展望论坛。在召开范围界定会议并对会议成果进行审核后，第一届阿拉伯气候展望论坛于2017年9月在贝鲁特召开（联合国西亚经济社会委员会，2014）。论坛每年召集两次阿拉伯气象部门，编制《季节性预测共识声明》。该论坛也是一个可以就阿拉伯气象部门共同关注的问题进行区域性交流、吸取经验教训并建立共识的平台。正式会议通常配套组织相应的能力建设活动。

当前，对天气和气候的预测和预报受限于气象变量监测的不足。《政府间气候变化专门委员会第五次评估报告》指出，尽管气候预测是建立更缜密的天气预报和模型系统的必要条件，该地区的气候预测却是最弱的（Christensen等，2013）。山区伙伴关系和粮农组织的资料显示，近东和北非地区在农业气象学领域拥有一些高效且经过检验的工具和方法，可用于气候特征分析、作物预报和气候风险管理，以及通过对水和土地资源的有效利用提高作物产量（Balaghi，2012）。然而，该地区只有少数国家是世界农业气象信息服务机构（WAMIS，World Agrometeorological Information Service）的成员，因此，得到公开的信息非常有限（WAMIS，2021）。

由于农民面临着用水来源途径有限和缺水的挑战，针对灌溉效率以及通过含水层回灌储水和集水的定制服务是该地区的首要任务（Durrell，2018）。预计蒸发率的增加将导致更高的灌溉需求，尽管这会导致整个地区的地下水位进一步降低。为最大限度地提高用水效率和灌溉调度而定制的气候服务将使农民能够优化利用水资源，在干旱时期减少用水，并在雨季集水。

巴勒斯坦国家适应计划表明，其在气候预测方面存在能力差距，并且在知识供给方面存在供需不匹配。巴勒斯坦气象局的任务是生成数据用以开发气候服务，提供高质量的降水和温度条件评估，以及即将发生的气候相关威胁的信息（见案例研究：促进伙伴关系，创造有利环境，将巴勒斯坦的农业气象数据与投入服务联系起来）。

4.2 共同生产定制服务

近年来，近东和北非地区在共同生产有针对性的农业气象产品和服务方面做出了越来越多的努力。例如，国际生物盐农业中心（International Center for Biosaline Agriculture）（ICBA，2020）在约旦、黎巴嫩、摩洛哥和突尼斯开发了区域性干旱监测及早期预警系统。该系统以每月产生的5公里乘5公里的网格数据集为基础，在其中输入参数，且权重有所区别：植被压力——20%（使用eMODIS得出的NDVI异常值），降水不足——40%（使用气候灾害组红外降水与台站数据的两个月标准化降水指数值），蒸发蒸腾异常——20%（使用蒸发压力指数），以及土壤水分异常——20%（使用土地信息系统模拟数据）（Fragaszy等，2020）。

然而，分析表明，该地区的干旱监测系统仍在起步阶段，主要是由于对降水指数的过度依赖，此外还确定了迫切需要参与性地对这些系统进行开发，并让利益相关者更深入地参与进来。

ACSAD是一个区域性研究中心，专注于推动阿拉伯联盟国家的干旱和半干旱地区的发展（ACSAD，2020）。阿拉伯干旱地区和旱地研究中心利用植被健康指数对干旱情况进行监测，并为易受干旱和盐渍化影响的地区制定计划。该中心也开展了对气候适应性种子的研究。而北非区域气候中心在阿尔及利亚、埃及、利比亚、摩洛哥和突尼斯提供气候服务及相关产品，其中最主要的气候服务是每季度一次的季节性展望，用以对温度和降水进行预测。

摩洛哥国家农业研究所开发了作物预测产品，用以帮助决策者为气候的异常偏差提前做好准备。例如，基于降水、温度和NDVI的参数和非参数方法被用于谷物产量的预测（Balaghi等，2013）。因此，摩洛哥国家农业研究所可以向决策者提供整合不同方法的相关信息，例如，使用降水和NDVI的相似性方法、使用降水和NDVI作为产量预测的回归模型、使用作物生长模型和世界粮食研究模拟模型进行产量预测。

北非和欧洲国家之间在农业监测和信息系统方面拥有有效合作和能力建设的优秀范例。自20世纪80年代末以来，欧盟联合研究中心通过农业资源监测作物产量预测系统，向近东和北非地区的国家提供农业政策支持。阿尔及利亚、摩洛哥和突尼斯等多个北非国家利用这一信息强化了农业监测及国家和地区机构能力。近年来，美国国际开发署与美国国家航空和航天局也加强了对该地区的干旱监测。通过向约旦、黎巴嫩和摩洛哥的国家级专家提供工具、数据和规划技能以更好地指导水文学家和政府机构的决策者，从而提供及时有效的抗旱缓解措施，以加强干旱监测（美国国际开发署，2020）。

4.3　打通沟通服务"最后一公里"

在近东和北非地区，政府的农业推广服务一向十分有力。在突尼斯，农民联盟代表在政府的干旱监测系统中发挥了正式的作用。在摩洛哥，私营部门保险公司摩洛哥农业互助会与政府官员合作，对旱灾造成的影响进行评估（Fragaszy等，2020）。人口密度较小的地区通常缺乏足够的技术和市场信息流，因此，近年来，一些国家试行了使用计算机连接的农场管理信息传播的方法。此外，该地区的农民培训滞后，也阻碍了技术使用和耕作效率的提高。

对于这一地区的许多国家而言，政策或法规阻碍了数字技术的引入（Trendov等，2019）。相对最为落后的国家（如毛里塔尼亚和也门）缺少互联网接入，在农村地区这一问题更加值得关注。对于偏远地区的农村社区来说接通网络的益处通常更大。撒哈拉以南的非洲地区的用户比例最低，近东和北非地区仅次于此，用户占有率为64%，智能手机普及率为52%（Trendov等，2019）。

© 粮农组织/Lebanon

在毛里塔尼亚，国家气象水文局与农业推广服务机构、非政府组织、农民组织、国家和地方广播电台、电话运营商和口口相传协同向用户提供所需信息，以支持农业决策。其中包括基于季节性预测和作物种植时间表的建议，用于土地准备工作；确定播种日期的信息；使用放置在田间的雨量计；关于作物物候期的建议；土壤湿度以及为进行有效除草和施肥的天气预报（Tarchiani等，2017）。毛里塔尼亚农民还将农业气象信息用作其他多种用途。例如，农民在决定所需农业投入的数量、选择作物和栽培品种、确定种植日期、调整作物生长周期以适应降水模式以及选择有利的时期进行栽培作业时，都会用到这些信息。另外，埃及气象局还与环境部和农业部农业研究中心合作推广了信息。这些机构定期发布农业气象报告和关于农业气象服务的公告，农业气象产品的应用包括但不限于冷藏要求、棉花种植日期、使用热量单位的产量预测、避免冻害的早期预警和沙漠蝗虫的轨迹（EMA，2020）。

4.4　通向"最后一公里"的实际参与

约旦、黎巴嫩、摩洛哥和突尼斯政府已经建立了由政府机构牵头的协商机构，协商机构的参与者包括社区组织、企业、非政府组织和其他利益相关者，由这些参与者共同完成旱情发布和缓解旱情规划等工作（Ouassou等，2007；Louati等，2005）。用水者协会促进了整个地区农民的参与并加以协调，协会还通过制定取水规则、协调运河的运转和放水、告知农民灌溉计划来支持可持续的水资源管理（Durrell，2018）。也门用水者协会为公共收获用水提供以客户为导向的水分配和季节性配给服务，并重新引入了确保社区积极参与的传统集水技术。

国际干旱地区农业研究中心的马什雷克-马格里布项目在阿尔及利亚、伊拉克、约旦、黎巴嫩、利比亚、摩洛哥、叙利亚和突尼斯8国提供基于社区发展方法的培训，超过800名农民和160多名工作人员（包括推广人员、决策者和地方行政部门）参加了培训活动。

以上过程中积累的经验如下：

1）社区的参与性特征对于确保利益相关者之间的合作和信任的建立至关重要；

2）对本地知识的识别是成功诊断的关键点之一；

3）社区批准的年度和长期发展计划是调动资源和促进项目实施的有效工具；

4）不应忽视社区在确定适当的技术解决方案和解决内部冲突，尤其是与产权和土地使用相关冲突的能力；

5）本方法的成功和可持续性源于选举产生的社区组织的推动，这些组织在社区和其他行动者（例如政府机构和决策者、非政府组织、捐赠者和其他社区）之间发挥着重要的链接作用。

在苏丹，村发展委员会和循环基金的发展建立了研究机构、农业推广官员和农民之间的联系，所有这些都将被囊括在苏丹今后的项目中，而这些村庄发展委员能够得到进一步发展，以确保农民参与使用气候信息（Durrell，2018）。

4.5 投资需求

在近东和北非，公共部门提供的83%的用于小规模农业适应和缓解气候变化的资金，即为资金的绝大部分，都集中在适应方面。与其他地区相比，该地区得到的专用于减缓气候变化的资金最少，仅为9 100万美元（Chiriac等，2020）。总体而言，经合组织国家每年向近东和北非地区的非经合组织国家提供的资金总额达3亿美元。本报告确定的一些投资重点，以及加强该地区气候服务框架的关键点包括：

1）避免零散的投资，为气候服务框架的每一个环节提供资金支持。

2）投资于在气候信息数据收集和硬性基础设施，包括高性能计算机，以系统地跟上科学发展，更新预测和预报水平。

3）在国家级的技能和分析能力上投入资金，用以支持早期预警系统的发展和应用。

4）在气候服务的跨部门（如水文、气象、农业、卫生、基础设施、交通部门）运作上投入资金，强化区域间协调，提升农业气象数据共享平台能力。

© 粮农组织/Farshad Usyan

5）对提高农业用水效率的定制服务进行投资，包括部署地理信息系统数字工具，以确定跨牧区和牲畜用水区。

6）通过支持推广服务知道可持续的做法，促进气候适应性技术（如雨水收集、滴灌系统等）的采用，促进农牧业发展。

7）让区域气候中心和干旱监测系统参与制定一个框架，利用每个NMHS的能力，向用户提供气候服务。

4.6　区域结论

下文提供的挑战和投资建议是基于对文献的广泛搜索，其中包括研究论文、技术报告、联合国官方报告和WMO作为气候服务全球框架适应性计划项目组成部分之一举办的区域研讨会。这些行动和提出的建议旨在改进气候服务的效率和可获得性，是考虑到弥合"最后一公里"差距的关键需求以及有关区域的社会经济背景而制定。

气候服务框架步骤	主要的挑战与障碍	优先行动领域
数据收集、监测和预测	■ 与数据可靠性、气候监测站的校准或数据收集方法一致性相关的挑战 ■ 气象站分布不均 ■ 对气象变化的监测不到位，制约了天气预报和气候预测 ■ 过度依赖基于降水指标（标准化降水指数）的干旱监测 ■ 缺乏电子数据管理，大部分的数据仍在手工收集的纸质表格上 ■ 缺乏对于制定农业气象咨询至关重要的实地农业信息	■ 建立一个更缜密的天气预报和模型系统 ■ 加强干旱监测，在整个地区应用不同的干旱指标 ■ 开发更好的早期预警系统，以便在气候事件和农业干旱发生之前预先采取行动 ■ 对实施干旱影响监测的机构进行自我能力评估 ■ 根据农业用户的需要，为他们在监测和收集农业部门具体数据方面进行能力建设 ■ 对蒸发量进行系统性监测

气候服务框架步骤	主要的挑战与障碍	优先行动领域
任务小组与数据共享	■ 各主管部门和利益相关者之间在数据共享方面的差距，为建立有效的端到端和以用户为中心的早期预警系统造成了障碍 ■ 通过开放平台获得的气象信息不够及时便捷 ■ 有关机构和利益相关者之间缺乏交流协作	■ 支持各国编制并定期发布农业气象公报 ■ 开始在可公开访问的世界农业气象信息服务机构分享农业气象公报 ■ 让广泛的利益相关者参与进来，促进参与式发展，以制定有针对性的服务方案 ■ 加强国家气象和水文部门与其他机构、科研机构、私营部门、非政府组织和农民协会之间的合作，将用户定制产品纳入农业领域 ■ 促进区域内 NMHS 之间的合作 ■ 开发数据共享平台，在国家和地区层面进行知识转移 ■ 确保现有的具有互补目的的技术工作组之间持续地信息交流，例如关于预测、气候服务和预期行动的技术工作组
共同开发有针对性的农业气象咨询	■ 政府机构对在农业中使用气候服务的好处的气候知识有限 ■ 在气候服务的共同生产和共同设计中，缺乏农业用户、农牧民和渔民的参与	■ 培养政府和非政府实体之间的伙伴关系，共同为农民提供有针对性的服务 ■ 促进跨部门的利益相关者更深入地参与开发环境监测工具 ■ 支持正式协议和长期伙伴关系，以获得制度和财政支持 ■ 建立区域和国家路线图，共同制定有针对性的农业气象咨询服务 ■ 优先扩大针对牲畜的气候服务规模 ■ 对部门利益相关者和农业社区的参与和意识提升活动投入资金 ■ 根据作物生长模型提供灌溉建议

气候服务框架步骤	主要的挑战与障碍	优先行动领域
向"最后一公里"提供服务的通信	■ 主要是基于"最后一公里"的资源，获得的通信渠道较少 ■ 干旱地区的网络覆盖率低 ■ 在获取信息通信技术和其他通信渠道方面有性别差异	■ 准备不同形式的气候服务，以便与农业部门进行更广泛的沟通 ■ 通过短信服务和农村广播传播气候咨询服务，最大限度地覆盖偏远地区 ■ 通过对包括妇女在内的气候敏感群体，向潜在用户宣传信息通信技术的好处
"最后一公里"的参与	■ 农民和政府机构之间缺乏参与性发展和部门间接触 ■ 国家机构缺乏与农业社区的接触	■ 促进政府与农民之间的双向沟通 ■ 通过农民田间学校和其他方法，开发课程并为参与式同行互助学习和农民参与投入资金 ■ 建立接口平台，让用户更有效地获取和使用农业气象产品
气候知情行动	■ 气候服务往往不能为当地社区提供有针对性的信息，以支持农业管理决策战略和战术 ■ 对农场层面应对气候影响的选择缺乏信心或认识	■ 提供有相关性的、更实用的、有针对性的与干旱有关的信息 ■ 制定天气指数保险计划并提供气候咨询服务，用以帮助农民在发生极端天气事件时做好准备并在发生后得到恢复 ■ 开展农业社区参与的气候风险意识提升活动 ■ 支持建立预见性行动计划，将早期预警阈值与行动联系起来，并概述关于如何在气象灾害发生前保护最脆弱人群的生命和生计的明确准则

调查结果：沟通渠道

本节介绍了针对以下问题的调查结果：

当前，将天气信息和天气警报传递到"最后一公里"的方式是什么？原始调查模板见附件一。

图4-1　近东和北非用于向"最后一公里"传递天气信息和天气警报的手段

注：这里所载的结果不代表所有现有的传播方式，农业推广人员、海报、公众会议、面对面等信息传播手段未列入其中。

调查结果：农业气象咨询

本节介绍了针对以下问题的调查结果：
NMHS向"最后一公里"提供了哪些信息？原始调查模板见附件一。

表4-1　近东和北非的农业气象咨询调查结果

	摩洛哥	约旦河西岸加沙地带	毛里塔尼亚	苏丹	也门	黎巴嫩	阿曼苏丹国	约旦	叙利亚
最佳播种期	✓		✓			✓		✓	
雨季开始	✓	✓	✓	✓				✓	✓
雨季期间	✓		✓			✓		✓	✓
干旱	✓		✓					✓	✓
假雨季开始	✓							✓	
累计降水量	✓	✓	✓	✓	✓			✓	✓
蒸发量	✓	✓		✓				✓	
累计生长度日	✓								
土壤水分	✓		✓	✓			✓		
季节性预测	✓✓	✓	✓✓	✓✓	✓✓	✓		✓	✓
降水预报	✓	✓	✓	✓		✓		✓	✓
温度预报	✓	✓	✓	✓	✓	✓		✓	✓
病虫害预报	✓		✓					✓	
冰雹预报	✓	✓						✓	
风力预报	✓✓	✓	✓	✓✓	✓	✓	✓		✓✓
风暴潮				✓					
水资源供应	✓							✓	
潜在热应力	✓	✓	✓	✓	✓	✓			
潜在疾病发生区	✓✓		✓✓					✓	
潜在雷击区	✓✓✓			✓✓			✓✓		✓✓✓
饲料供应	✓		✓						
潜在极端天气事件	✓	✓	✓	✓			✓	✓	
海浪预报	✓		✓		✓		✓		✓
涨潮预报	✓		✓		✓		✓		✓
能见度预报	✓	✓	✓				✓		
海面温度	✓		✓		✓		✓		✓
野外火灾易发区	✓		✓					✓	✓

 作物 ✓　　 牲畜 ✓　　 渔业 ✓　　 林业 ✓

案例研究

促进伙伴关系，创造有利环境，将巴勒斯坦的农业气象数据与投入服务联系起来

国家:
巴勒斯坦（约旦河西岸和加沙地带）

机构:
巴勒斯坦环境质量局、农业部、气象局、水务局

背景

巴勒斯坦季节性粮食生产的成功与否，取决于水补给和灌溉农业下土壤的保墒能力。2019年，巴勒斯坦农业部门占全国总出口的近30%，农业部门就业人数占总就业人数的6.1%。以气温升高和降雨量变化增加为主的气候变化会直接导致农业和工业部门的收缩，并间接影响国家的水和粮食供应。在脆弱的安全形势下，巴勒斯坦多数人口居住的约旦河西岸和加沙地带，面临着长期的经济危机和粮食供应危机，高昂的投入成本（如化肥和动物饲料）对农业活动的利润有所损害，致使市场价格膨胀。

下面的案例研究探讨了巴勒斯坦的一项举措，旨在改善农业气象信息的可获取性和可操作性。基于充分的气候预警信息来支持尽早采取行动并帮助决策气象服务。该举措由全球气候基金提供资金，巴勒斯坦气象局、农业部、各职能部门和粮农组织合作完成。通过强化气候学数据共享与合作的有利环境，营造出的伙伴关系解决了数据缺失、缺乏数字化记录以及缺少表明气候随时间变化的历史数据的问题。

打通"最后一公里"的主要挑战

- 农业用户只能调动自己的资源来获得沟通渠道。
- 促进合作对利益相关者对于各国具体情况的背景敏感性和熟悉程度有一定要求，以补充气候服务。
- 自给自足的农民拥有的在早期预警后采取行动的能力有限。
- 贫困家庭缺乏技术和资金，难以维持实施早期行动所需的资源。

使用气候信息咨询的益处

- 及时的气候服务增加了对抵御气候冲击的控制措施的了解。

©粮农组织/Marco Longari

- 在供给侧,构建了提供气候服务的能力,而在需求侧,增加了关于如何处理和抵御即将到来的天气相关冲击的知识。

经验教训

- 当通过合理的准备工作,对提供和使用产品所需的能力、研究和社区支持进行评估时,气候服务和早期预警产品将得到加强。
- 对参与生产和提供气候服务的重点机构的当前作用和任务进行初步评估,对确定投资需求和确定加强有利环境所需采取的行动至关重要。
- 机构间协调和充分沟通对于确保相互理解和合作至关重要。

工作展望与投资机会

- 确保监测和评估计划能够得到反馈,并在必要时对气候服务进行调整。
- 加强私营部门之间的伙伴关系,鼓励与国家机关的协作,以确保整个网络的稳定性,并能够可持续地提供气候服务。
- 进一步利用农业部的小型农民网络,使社区参与开发针对用户需求和偏好的气候服务。

参考文献:

PCBS. 2021. The labour force survey results 2019. In:*The Labour Force Survey Results, 2019* [online]. [Cited 26 March 2021]. http://www.pcbs.gov.ps/post.aspx?lang=en&ItemID=3666.

PCBS. 2021. Detailed indicators of foreign trade in Palestine* 2017-2019. In:*Detailed Indicators* [online]. [Cited 26 March 2021]. http://www.pcbs.gov.ps/Portals/_Rainbow/Documents/detailed-indicators-english.html.

案例研究

埃及和黎巴嫩可持续水资源管理的电话应用

©FAO/Anwar Amro

 国家:
埃及、黎巴嫩

 机构:
国际水管理研究所、水与环境研究所、现代科学与艺术大学、粮农组织、黎巴嫩农业研究所

背景

在近东和北非地区，高成本和低可及性仍然是农业有效利用信息通信技术的主要障碍。粮农组织和国际水管理研究所在埃及和黎巴嫩分别对水管理的新技术进行了研究和应用，其中包括粮农组织的"WaPOR"工具。该工具利用遥感数据，协助各国对水生产力进行监测并确定水生产力的差距。

在埃及，国际水管理研究所中东与北非办公室与土壤、水与环境研究所和现代科学与艺术大学在"WaPOR"项目框架内，共同开发了一个名为"灌溉用水信息"的手机应用程序，该应用程序提供灌溉用水需求、基于作物类型的预期产量、土壤特征、适宜的灌溉系统、土壤盐分水平等相关信息，并在首版中纳入了包括小麦、水稻、玉米、甜菜、大豆、马铃薯和棉花在内的七种作物。来自不同省份的农民接受了应用程序的使用培训，并在设计和测试阶段给予了反馈。这种反馈有助于提升"灌溉用水信息"应用程序有效性和用户驱动的发展。应用程序发布后，相关机构为包括小农户、技术人员、农艺师和大学生在内的各利益相关者举行了培训研讨会。

黎巴嫩农业研究所拥有一个由超过60个自动气象站组成的网络。在粮农组织的帮助下，国际水管理研究所对农业信息通信技术工具进行了利益相关者摸底和需求评估，黎巴嫩农业研究所的应用程序应运而生，用以提供天气预报、主要害虫的早期预警以及虫害管理建议。自2015年以来，黎巴嫩农业研究所一直致力于开发"LARI-LEB"这一能够提供灌溉建议的移动应用程序，"LARI-LEB"由"WaPOR"项目支持开发，后期增加了灌溉需求和调度以及作物产量两个模块，并在黎巴嫩的主要农业区之一的贝卡谷地进行了首次测试。升级后的"LARI-LEB"应用程序中包含贝卡谷地的蒸发量数据，小麦、马铃薯和鲜食葡萄的作物需水量信息，以及生长季内作物健康和发育的数据。

埃及打通"最后一公里"的主要挑战

■ 缺乏地方规模的病虫害监测信息和虫害管理建议。

■ 针对作物净灌溉要求的信息有限。

■ 获得市场价格信息的途径不足，需要及时更新相关信息以促进产品的销售。

黎巴嫩打通"最后一公里"的主要挑战

■ "LARI-LEB"应用程序缺乏与田间灌溉相关的信息，当地农民能够使用这些信息对农场进行科学管理，从而提高作物产量。

■ 应定期提供作物水分估算数据，例如每三天提供一次作物水分估算数据，就像"WaPOR"数据库目前每十天公布一次蒸散量数据。

■ 受到新冠疫情的影响，与"最后一公里"的面对面协商受到限制，满足用户需求的能力受到制约。

■ 应用程序中仅提供了少量作物的信息，限制了潜在用户的数量。

经验教训

■ 通过对利益相关者的摸底和需求评估，确定使用信息通信工具的各类农业利益相关者。

■ 投资开发应用程序，或对一个有较高知名度且得到广泛使用的应用程序进行改进，成功地增加了用户数量。

■ 以提取作物系数的方式处理"WaPOR"中的蒸散量和参考蒸散量数据，能够准确确定每种作物的净灌溉需求。

■ 研究机构、政府和学术界之间的伙伴关系，为目标社区提供了可调整的实际解决方案。

■ 在设计阶段纳入终端用户的反馈有助于强化所有权意识，从而提高平台的可用性和接受度。

工作展望与投资机会

■ 在"LARI-LEB"应用程序中增加一个与"WaPOR"的初级生产（即每平方米生物量克数）方面的作物状况相关的模块，该模块将有助于农民了解某种作物是否生长充分，从而了解其在产量方面的表现。

■ 在埃及和黎巴嫩的两个应用程序中分别引入更多的农作物种类及相关信息。

■ 通过应用程序中的图片共享，提供针对作物状态的实时援助，并就作物管理提供即时的专家咨询服务。

- 在埃及和黎巴嫩各地组织研讨会，提高相关方对农业和可持续水管理应用程序重要性的认识。
- 组织经过培训并能够熟练使用应用程序的农民与其他农民进行知识传授和交流。
- 根据季节性预测，提前确定净灌溉需求。
- 进一步研究作物预测价格并对不同作物进行可行性研究，以帮助农民选择种植作物种类、预测种植收入。
- 进一步投资于农业社区的极端天气警报（例如热浪、沙尘暴、霜冻），以及具有提升气韧性做法的咨询，从而减少风险。

参考文献：

Ali, M., Abd El Hafez, S., Elbably, A., Tawfik, A., Elmahdi, A. 2021. Implementation of on-farm water management solutions to increase water productivity in Egypt. ICT- Phone Application "IRWI-ايروا" for Water Management in Agriculture. (available at https:// irwicrop.com/Technical-Report-IRWI.pdf)

编制：Marwa Ali 和 Amgad Elmahdi（国际水管理研究所埃及办公室）。

5 | 亚洲和太平洋地区

亚洲和太平洋区域是世界上最容易发生灾害的地区（Kreft等，2019）。该区域的特点是海岸线广阔，地势低洼，以及包括许多小岛屿发展中国家

这使得该区域特别容易受到海平面上升的极端天气的影响。在亚洲，约有24亿人生活在低洼沿海地区，他们受到洪水和风暴日益增多的威胁，而海平面上升往往会加剧这些威胁（联合国开发计划署，2019）。近年来，该区域经历了前所未有的高温。例如，阿富汗、印度和巴基斯坦在2020年记录了超过50℃的温度，2020年8月是巴基斯坦有记录以来最潮湿的月份（WMO，2021）。

热浪和干旱以及降雨模式的变化对农业部门产生了巨大影响。此外，在亚洲和太平洋地区，约有2亿人依靠渔业为生（太平洋经济社会委员会，2019）。海洋表面温度升高、海洋酸化和珊瑚白化都对海洋生态系统和依赖它们的生计产生了不利影响。

5.1 数据收集和监测

几乎所有太平洋岛屿国家都有NMHS。然而在这些国家气象水文局中，预报和预警系统发展不佳或根本不存在。其中一些国家依靠外部支持来提供基本的气候服务。一般来说，与世界标准相比，国家气象局规模较小，它们的资源、预算和工作人员都很有限（WMO，2020）。在南亚和东南亚，数据收集、监测和沟通的主要障碍包括：① NMHS无法定期提供适合当地的信息；②历史气候数据存在差距；③在将原始气候数据转化为与农业相关的当地具体信息方面存在挑战，以及维持联合生产的制度和治理安排不足（Krupnik等，2018）。此外，东南亚国家联盟10个国家的气象观测网络还很薄弱，运营和维护现有观测网络的技术人员数量相对较少（国家安全部，2017）。10个东盟国家中只有5个国家有能力设计和实施大规模的遥感和其他观测系统（如卫星和浮标），只有不到一半的国家能够开发和管理区域或全球专业气候数据库。然而，该区域的大多数都能从邻国获得观测数据，并可以访问区域和全球气候模型的插值网格数据、卫星数据、再分析数据和模型数据（国家安全部，2017）。

位于东京和北京的全球信息系统中心，由日本气象厅和中国气象局主办，是WMO第二区域（西南太平洋以外的亚洲区域）的区域协调机构，负责WMO信息系统网络的实时运作。位于曼谷的数据收集和制作中心与东京的全球信息系统中心相连，由泰国气象局主持，负责协调气象电信网络，并作为区域电信枢纽。由日本气象厅主办的东京WMO全球综合监测系统平台区域中心，被指定协助WMO世卫组织第二区域的NMHS成员提高地面、气候、高空和水文观测的可用性和质量（世界银行，2018）。

在太平洋地区，数据管理和数字化仍然是长期评估和预测下限气候信息的主要挑战（SPREP，2016）。例如，萨摩亚的气候数据已经持续监测了100多年。然而，这些历史记录中有很大一部分是以硬拷贝形式写成的，很容易被破坏（SPREP，2016）。数据缺失是一个重大挑战，偏远地区尤为严重。在瓦努阿图，NMHS培训当地的降雨志愿者收集数据，但人工采集数据往往存在数据空白或错误。斐济气象服务处被指定为气象组织热带气旋区域专门气象中心。除了为斐济公民服务外，区域专业气象中心（RSMC，Regional Specialized Meteorological Centre）还为另外六个太平洋岛屿国家和领土服务，即库克群岛、基里巴斯、瑙鲁、纽埃、托克劳和图瓦卢。RSMC同时还是萨摩亚、汤加和瓦努阿图的特别顾问。

5.2 共同生产定制服务

在亚洲，国际山地综合发展中心（ICIMOD，International Centre for Integrated Mountain Development）促进了全球气候服务体系在兴都库什－喜马拉雅（HKH，Hindu-Kush-Himalayan）地区的实施。它将8个HKH国家的气候信息提供者和使用者聚集在一起，加强成员国的机构和技术能力，特别是改善气候服务的生成、处理和使用，以及共同设计适当的解决方案（ICIMOD，2020）。在东南亚和西南太平洋地区，东盟专业气象中心负责对该地区具有重要意义的天气预测和气候系统（东盟专业气象中心，2020）。此外，东盟专业气象中心还监测土地管理和森林火灾，并对影响东盟南部地区的跨境雾霾的发生提供预警。

太平洋气象台和伙伴关系通过提供与太平洋气象理事会（PMC，Pacific Meteorological Council）有关的信息，支持南太平洋地区的国家气象局（PMC，2020）。PMC由14个国家气象局组成，通过持续观测系统、电信、数据处理和管理系统，提供天气、气候和早期预警服务。PMC有不同的小组：①太平洋岛屿气候服务（PICS，Pacific Island Climate Services）；②太平洋岛屿教育、培训和研究；③太平洋岛屿海洋服务；④太平洋岛屿航空气象服务；⑤太平洋水文服务。例如，PICS对话是旨在分享气候知识和加强现有气候服务。这些研讨会向区域和地方决策者介绍气候变化的影响，并强调开发和提供气候服务的关键信息和最佳做法（PICS，2020）。总的来说，太平洋地区的区域合作是强有力的，区域中心在向太平洋区域合作方案提供业务支助和技术援助方面的作用特别重要。

5.3 打通沟通服务"最后一公里"

亚洲

天气预报和气候信息，以及天气保险，是南亚地区管理风险的关键因素，因为它们减少了农民的损失，稳定了农民的收入，但农民对服务的偏好随各地种植作物和环境有所不同（Taneja等，2019）。印度河东岸平原种植的水稻和小麦农民更喜欢作物保险和气象咨询服务，而印度河西岸平原的农民更喜欢接受灌溉调度信息和作物气象风险保险的支持。另一项横跨印度五个邦的研究评估了农民对基于信息技术的气候信息和农业咨询服务的获取情况，这些信息和服务涉及各种主题（如耐热和耐旱品种、节水、病虫害防治）（Gangopadhyay等，2019）。在信息通信技术中，电视和手机是天气信息和农业咨询服务的主要传播渠道。密歇根州立大学开发了一种基于手机的园艺农业咨询系统，旨在在印度、尼泊尔和斯里兰卡等国提供咨询咨询（Ramakrishna，2013）。

印度气象部门从2008年开始每周发布两次地区级别的天气预报。如今，农业气象咨询服务使用三种传播渠道——大众媒体、团体宣传活动和个人联系——来扩大宣传。2016年，约有1 900万农民订阅了短信咨询（WMO，2016）。此外，路透社市场资讯是印度马哈拉施特拉邦最大、最完善的农业价格、天气和作物咨询信息的私营提供商之一。路透社市场资讯约25 000个用户每月可获得75～100条英语手机短信（每月1.50美元），如果需要，也可以提供当地语言短信（Fafchamps和Minten，2012）。改善获取移动警报的主要障碍，包括覆盖范围和可用语言 [**案例研究：对印度渔民的警告（GAGAN）**]

在巴基斯坦，区域农业气象中心定期通过电子和印刷媒体就播种时间和灌溉计划相关问题向农业社区提供建议（汗和哈尼夫，2007）。"Sohni Dharti"是巴基斯坦第一个提供农业和农村发展信息的农业电视频道。公共部门还设立了一个电视频道和一个调频广播电台向农民传授现代农业技术。该频道预计将覆盖全国约660万农户，并主要播出与农业有关的节目（Ramakrishna，2013）。

尼泊尔农业研究委员会被授权为农民提供农业气象咨询服务。气象部门收集信息并发布未来一周的天气预报，然后天气预报与全国各地农业推广服务机构提供的作物和牲畜信息相结合，每周开展专家会议，并以尼泊尔语制作包含天气、作物和牲畜信息的简报，最大限度地增加用户数量（Timilsina等，2019）。尼泊尔农业研究委员会（NARC，The Nepalese Agricultural Research Council）还部署量身定制的农业气象咨询，在一定程度上弥合了气候信息生产者（NARC）与"最后一公里"之间的差距（**案例研究：农民和牧民的观点：尼泊尔农业气象信息的"最后一公里"需求和吸收**）。

在孟加拉国，农业气象信息由孟加拉国气象局、孟加拉国水发展局和农业部提供（Krupnik等，2018）。全国有1 500个病虫害综合管理中心，3万名主要农民通过简讯接收信息。此外，孟加拉国的气候服务促进复原力发展项目与孟加拉国气象局和农业部一起，正在制作交互式地图农业气象简报（CCAFS，2019）。他们还在开发一款具有数值天气的手机应用程序预测，并向农民提供易于理解的特定作物管理建议（CCAFS，2019）。私营机构和国际机构在支持南亚农业社区方面发挥着越来越大的作用，他们开始在农业中使用信息通信技术进行农业咨询交流（Ramakrishna，2013）。

在阿富汗，农业、灌溉和畜牧部在全国34个省安装了108个农业气象站，为农民提供确定不同作物灌溉需求的基本信息。自动气象站与卫星相连，卫星每小时通过互联网自动将记录的信息转发到管理员的网站（世界银行，2016b）。

伊朗伊斯兰共和国气象组织负责向农业用户提供天气、气候和农业气象服务。向用户提供农业气象新闻（波斯语），包括关于若干主题的农业建议，如有效降雨量、每周预报、季节温度和降水预报，以及关于生长天数的信息和关于种植和收获日期的咨询服务。

在缅甸，农业部通过广播、电视、报纸、海报、小册子和农业博览会等多种沟通渠道向农民传播农业咨询服务（Krupnik等，2018）。

在菲律宾，农场天气服务组编制和分发产品，例如农场天气预报（3天预报）；农业气象回顾和展望（10天尺度的天气信息，包括降雨量、温度、相对湿度和蒸发量）；以及结合了10天尺度天气和农业信息的区域农业气象咨询（Basco，2020）。它允许农民和用户提前规划耕作操作，此外还根据季节预测为农民提供最适合作物的农业指导。农场气候服务还向农业社区提供预警，减少极端天气事件对农业的影响和损失。

在老挝人民民主共和国，农业气象公报的联合制作涉及多个规模的各种政府行为体。气象和水文部拥有一个名为老挝农业气候服务（LaCSA, Laos Climate Service for Agriculture）的数据库，其中包含过去30年的气候数据，并系统地接收自动和人工收集的天气数据[**案例研究：加强老挝的农业气候监测和信息系统（SAMIS）**]。同一数据库自动生成季节和天气预报，并将其转换为每月和每周的简报。在老挝人民民主共和国，农业土地管理部制作土壤地图和地区一级作物日历。由农业统计中心编制的区级农业统计数据将进一步优化调整模型的产出。为了向农民提供气候服务，该公报还在争取国家农林研究所的合作支持，作为成果的一部分，已得到一份包括7种作物和3种牲畜的推荐清单。此外，植物保护中心每月在LaCSA上传病虫害暴发报告。各区办事处每月通过KoBo问卷生成农业数据，并自动上传到数据库。

太平洋岛屿

为了提高"最后一公里"用户对气候服务的接受程度，瓦努阿图气象和地质灾害部及其合作组织正在使用名为"klaod nasara"和"气候蟹"的短动画来解释复杂的气候和天气概念，以及使用气候服务的好处和方式。"klaod nasara"是根据瓦努阿图的背景量身定制的，而"气候蟹"动画则以更广泛的太平洋为主题。"klaod nasara"动画以当地环境中具有代表性人物为特色，将气候和天气活动与瓦努阿图人民的日常生活联系起来，并提供了减少气候影响的建议。动画使用瓦努阿图的三种官方语言（比斯拉玛语、英语和法语），并全面和清晰地向农民传达气候信息（SPREP，2016）。

作为太平洋岛屿芬兰太平洋项目的一部分，自2013年以来，根据当地情况以不同的方式加强了气候和灾害信息的交流。在库克群岛，易受飓风影响的Tautu村已经安装了警报器，并定期为家庭进行灾难演习和屋顶捆绑演习来测试社区的反应。在基里巴斯阿拜昂的Ribono和Nuotaea偏远小岛上，传统的通讯员Wiin Te Kaawa和该岛的议员配备了一辆自行车和一个扩音器来为社区提供预警信息（SPREP，2016）。

在图瓦卢，由于信息传播方面的进步，已编制了用当地语言提供的气候公报，以及图瓦卢气象部门的无线电节目，以更详细的方式解释气候公报中所刊载的信息。图瓦卢气象局的脸书页面也向公众开放，并由一名气候官员每天早上更新。在萨摩亚，气象部门与蓝天和讯飞移动网络合作开发了通信系统。新系统大大缩短了预警到达用户所需的时间，并支持定制的信息，这些信息可以通过电子邮件、传真和手机同时以短信或pdf文件的形式传播（SPREP，2016）。

5.4 通向"最后一公里"的实际参与

为加强农业社区对气候信息的采纳和吸收，必须纳入农业推广、社会支持网络和财政激励措施（例如与天气有关的保险计划）（粮农组织，2018年）。在整个区域，农民的实际参与已被证明是有价值的（见案例研究：农民和牧民的观点：尼泊尔农业气象信息的"最后一公里"需求和吸收）促进农民参与气候信息决策的一个成功方法是气候实地学校和农民实地学校（Krupnik等，2018）。

对印度尼西亚培训和提高认识的有效性进行的一项评估发现，获得气候服务的农民收获产量提高了30%。印度尼西亚气象、气候和地球物理局与农业部的推广人员一起，通过气候实地学校举办了大量培训课程，提高小农的气候意识和气候素养（Krupnik等，2018）。在越南和柬埔寨，发展了农业气候信息服务，使国家机构和农民参与共同设计和共同生产气候服务。在这两个国家，已经实施了参与性情景规划进程。它包括一个互动和迭代的学习过程，包括以下阶段：①设计和过程；②筹备讲习班；③促进参与性情景规划过程讲习班；④通报建议；⑤实施反馈机制；⑥监测和评估。农民确定的推动农业决策的关键产品包括用于确定播种日期、品种选择、收获时间的季节预测，以及用于日常农业管理活动的即时预报。气候服务生产者报告的一些主要挑战涉及天气信息的定制，以及地方国家天气预报的质量和可获得性。

在斯里兰卡，天气预报是推动气候决策的最有效的气候服务。NMHS会在雨季开始前开会分享季节性预测，农民领导人，灌溉管理人员、农业推广官员和地方官员均会参加该会议并参与完善预测。该预测结合了当地知识和与当地情况相关的市场信息。农民有权在预测降雨量低于平均水平的情况下调整其决策。

当地农民采用了一种名为"bethma"的集体干旱管理策略。无论是否有田地的所属权，他们的田地在将在每个季度被分配给所有参与的农户评选并配以等量的水。实证研究表明，与没有参加"bethma"的农民相比，参加"bethma"的农民对干旱的适应能力更高（亚太经社会，2019）。

向脆弱社区提供社会保护的其他重要机制包括为小规模生产者亦可负担的农业保险计划。这些计划为确保基于气候服务的行动能够有效实施提供了巨大的潜力。作物天气指数保险（CWII，Crop weather index insurance）提供了一种替代作物保险的方法，并使用与气候相关的代理或指数（如降雨量、温度、风速）并触发向农民的赔偿。微观层面的CWII已在亚洲和太平洋地区的8个国家进行了测试或商业化推广（粮农组织，2011）。例如，CWII在印度和泰国通过商业方式实现了玉米和水稻累积雨量亏缺CWII方案。此外，与马来西亚保险公司合作，在菲律宾实施了"微保障"倡议，为水稻生产者（微观层面）提供了降雨赤字保险（**案例研究：积极主动而不是被动反应：朝着菲律宾干旱的预测方法迈进**）。

在太平洋岛屿，农民强调信任是有效利用气候服务的一个关键方面。通过在"talanoa"（交谈和分享故事和想法的组织）中花时间相互尊重而建立的信任被认为是太平洋岛屿芬兰太平洋项目的主要经验收获（SPREP，

2016)。芬兰太平洋项目的另一个经验是，加强太平洋岛屿国家气象局使用的两种学习方式，以可理解的方式展示天气和气候信息，并整合社区的传统知识。

5.5 投资需求

在东亚和太平洋地区，公共部门向小规模农业（包括林业、土地利用、畜牧业和渔业）提供的资金主要用于适应气候变化（每年8.3亿美元），对气候变化减缓项目也给予了类似的重视（每年5亿美元）。尽管如此，每年仍有高达14亿美元的投资用于农业生产的农场层面的气候适应型基础设施，以及农产品生产后储存、运输和加工所需的气候适应型基础设施产品（Chiriac 和 Naran，2020）。南亚的公共气候融资也有利于气候适应型基础设施建设，该地区每年约有9.05亿美元资金投入建设。总体而言，每年有35亿美元从经合组织国家转移到东亚、太平洋和南亚的非经合组织国家。为了加强对提供气候服务到"最后一公里"的投资，本报告建议采取以下行动：

1）避免零散的投资，为气候服务框架的每一个环节提供资金支持。

2）在国家层面投资建立免费和无限制的数据共享平台和协议。

3）对早期预警进行投资，延长预警准备时间，以便及早作出应对防范。

4）按地域统筹协调气候服务，加强对跨境流域和资产的管理。

5）加强非政府组织、私营部门和公共机构以及推广服务在地方提供信息的作用，以确保农业社区的参与和吸收。

6）加强政府对利益相关方的实际参与，鼓励自下而上的参与，加强包括妇女和青年在内的边缘化社区成员的影响力。

7）投资于社会支持网络、财务激励措施（例如与天气有关的保险计划）和使用当地天气数据进行基于智能合约的气候指数保险，简化流程并即时支付。

5.6 区域结论

下文提供的挑战和投资建议是基于对文献的广泛搜索，其中包括研究论文、技术报告、联合国官方报告和WMO作为气候服务全球框架适应性计划项目组成部分之一举办的区域研讨会。这些行动和提出的建议旨在改进气候服务的效率和可获得性，是考虑到弥合"最后一公里"差距的关键需求以及有关区域的社会经济背景而制定。

气候服务框架步骤	主要挑战与障碍	优先行动领域
数据收集、监测和预测	■ 缺乏发展农业气象服务所需的基本气象变量的观测网络（自动和人工） ■ 数据存储技术能力较弱 ■ 天气和气候预报的时间和空间尺度差 ■ 海洋观测网覆盖率低	■ 改造现有气象站，提高气象站维修技术能力 ■ 通过改进全球和区域数据集、产品和工具的获取和使用，提升预测能力 ■ 制定动态种植日历，将预测的降雨量与充足的时间结合起来，让农民调整种植日期，支持选择最合适的作物和品种，以及采取其他行动，保护作物、牲畜、渔业免受与天气有关的冲击 ■ 改进厄尔尼诺南方涛动（ENSO, El Niño-Southern Oscillation）事件的监测和预测
任务小组和数据共享	■ 用于农业气象服务的技术、财力和人力资源有限 ■ NMHS在社区和政府机构内的可见度低	■ 建立技术工作小组，在信息提供者、调解者和使用者之间进行机构协调 ■ 确保具有互补目标的技术工作组之间持续交流信息，如关于预报、气候服务和预测性行动等 ■ 加强治理安排，包括国家医疗卫生机构和各部门利益相关者内部的协调和沟通机制 ■ 促进使用WMO区域气候中心平台，以获取和分享数据及服务
共同开发有针对性的农业气象咨询	■ 政府间缺乏信息交流机制 ■ 缺乏协调和共同生产的标准操作程序，以及众多利益相关者的农业气象服务的协调和共同生产的标准操作程序 ■ 部委会和国家气象局之间的合作较少	■ 编制具体的国家路线图，以加强和实施农业气象服务 ■ 建议WMO和粮农组织开展战略合作，制定农业气象服务区域指南，其中系统地记录数据收集、共享、分析、转化为可操作的服务以及"最后一公里"通信过程的标准化框架

气候服务框架步骤	主要挑战与障碍	优先行动领域
向"最后一公里"提供服务的通信	■ 翻译气候和农业信息挑战性较大 ■ 传播信息的手段不充分	■ 利用最先进的信息通信技术或平台，推动数字农业转型 ■ 在信息提供者和使用者之间建立有效的双向沟通和及时的数据收集和共享机制 ■ 建设小农户、妇女、穷人和社会边缘群体使用信息通信技术工具的能力
"最后一公里"的参与	■ 对国家气象局和农业部产生的气候和农业信息缺乏认识 ■ 农业气象服务提供者和用户之间缺乏有效的双向交流	■ 推广参与式方法，如谷歌照片方法或粮农组织农民田间学校，以确保信息的吸收 ■ 支持由不同的互动和迭代学习组成的参与式情景规划过程
气候知情行动	■ 从农业和气象部门收集的数据转化为农业气象服务的资源匮乏 ■ 农业社区获取对可转化为可操作的气候适应性做法的预测信息的途径较少 ■ 由于传递到个人用户的时间较长，到达"最后一公里"的信息的即时性较差（例如种植和收获日期）	■ 促进使用关于风险和影响的数据转化，以推动气候知情的决策 ■ 开发具有数字天气预报的应用程序，向农民提供易于理解的特定作物管理的建议

调查结果：沟通渠道

本节介绍了针对以下问题的调查结果：目前天气信息和天气警报是通过什么方式传送到"最后一公里"的？原始调查模板见附件一。

图5-1 亚洲和太平洋地区用于向"最后一公里"发送天气信息和天气警报的手段

注：这里所载的结果不代表所有现有的传播方式，农业推广人员、海报、公众会议、面对面等信息传播手段未列其中。

调查结果:农业气象报告

本节介绍了针对以下问题的调查结果:NMHS向"最后一公里"提供了哪些信息?原始调查模板见附件一。

表5-1　亚洲和太平洋地区的农业气象咨询调查结果

	泰国	印度尼西亚	柬埔寨	尼泊尔	萨摩亚
最佳播种期	✓				
雨季开始	✓	✓	✓	✓	
雨季期间	✓		✓	✓	
干旱	✓	✓			✓
假雨季开始	✓				✓
累计降水量	✓	✓		✓	✓
蒸发量	✓	✓			
累计生长度日			✓		
季节性预测	✓	✓	✓	✓	✓✓
降水预报	✓	✓	✓	✓	
温度预报	✓		✓	✓	
冰雹预报				✓	
风力预报	✓✓		✓	✓	✓✓
潜在雷击区				✓	
海浪预报	✓				✓
涨潮预报					✓
风暴浪潮	✓				
能见度预报					✓
野外火灾易发区					✓

 作物 ✓　　 牲畜 ✓　　 渔业 ✓　　 林业 ✓

案例研究

柬埔寨的数据共享和
监测平台

| 国家：
柬埔寨 |  时间：
2017年至今 | 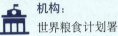 机构：
世界粮食计划署 |

背景

实时影响和情况监测平台（PRISM，Real-Time Impact and Situation Monitoring）结合了地面数据和卫星信息。PRISM提供了评估极端天气影响的工具，为早期应对提供信息，并减少与气候相关的灾害的影响。PRISM是世界粮食计划署气候灾害监测系统之一，由世界粮食计划署在亚太地区开发和示范。该系统根据地球观测数据和社会经济脆弱性不同方面（包括贫困和粮食不安全）的关键信息，绘制近实时的风险和影响地图。地图显示在交互式仪表板上，使决策者能够确定有效的减灾战略和早期反应机制，并确定优先次序。PRISM为政府提供所需的数据，以便与联合国合作伙伴、非政府组织和其他组织以协调一致的方式领导救灾工作。

PRISM柬埔寨项目的一个创新部分是利用政府灾害管理机构收集实地的影响评估。这些评估通过移动设备收集并在PRISM上发布，提供了有关当地现状和需求的动态信息。

打通"最后一公里"的主要挑战

- 气候信息到达社区时过长，以至于农户无法决定种植和收获的时间。如果发生恶劣天气事件，无法决定何时采取行动将家庭和资产转移到安全地带。
- 由于语言障碍，推广机构通常与男性接触交流，少数族裔的妇女尤其容易被边缘化。
- 气象学家和推广人员往往缺乏必要的技能，无法以易于理解的方式为农民提供气候服务。

经验教训

- 作为"SERVIR"计划（美国国家航空航天局和美国国际开发署的一项

倡议）合作的成果之一，PRISM整合了地球观测数据，将美国国家航空航天局的研究能力带到柬埔寨政府和世界粮食计划署。

- 2020年，世界粮食计划署与国家灾害管理委员会合作推出了升级版PRISM。国家灾害管理委员会将能够迅速获取和传播关于灾害潜在影响的关键信息。在过去几年里柬埔寨经常受到洪水和干旱的严重影响，升级的PRISM将为决策提供关键信息。
- PRISM还为柬埔寨的人道主义反应论坛提供关键信息，这是一个应对干旱和洪水的协调机制。在人道主义危机期间，各国机构和国际非政府组织与国家灾害管理委员会密切合作。PRISM实时监测旱灾和洪灾情况，使柬埔寨能够更好地准备并提前采取行动应对极端天气事件。

工作展望与投资机会

- 该地区的其他国家，包括印度尼西亚和斯里兰卡，都在积极使用PRISM。它目前正在蒙古国启动，不久将在缅甸开展部署。
- PRISM的下一步计划是开发系统的核心技术，并将其与气候和灾害风险减少方案相连接，如基于预测的投资和预测行动，以及应对冲击的社会保护。
- 战略伙伴关系将是确保PRISM持续成功的关键。这将涉及加强与政府以及科学和研究界的伙伴关系，以提高平台的可靠性。需要探索新的私营部门伙伴关系，以改进技术并获得通过移动电话和高分辨率卫星图像产生的更多动态数据。
- 世界粮食计划署还与研究伙伴一起工作，改进系统中使用的风险和影响分析。这项正在进行的研究考察了气候灾害在一段时间内对脆弱人群的历史影响。这项研究的结果将为PRISM产生的更严格的分析提供信息。
- 对用户的持续研究对于了解目前的决定是如何做出的，以及如何通过风险和影响的数据为未来的决定提供信息至关重要。通过设计研讨会、访谈和咨询，世界粮食计划署正在加深对用户需求的理解。这反过来将促进系统设计的改进和新功能的开发，最终将帮助政府更好地服务于脆弱社区，拯救生命和保护生计。

参考文献：

O'Brien, C. 2020. *10 things you wish you'd always known about shock-responsive social protection.* WFP. （available at https://www.wfp.org/publications/10-things-you-wish-youd-always-known-about-shock-responsive- social-protection）

编制：Ria Sen 和 Giorgia Pergolini（WFP）。

案例研究

对印度渔民的警告（GAGAN）

 国家：
印度

 机构：
印度国家海洋信息服务中心、地球科学部、印度机场管理局

背景

信息和通信技术以及卫星技术已经在印度的渔业社区中普及开来。然而，获得极端天气的警告和为渔民提供的气候服务的发展却仍然滞后。2017年，由于移动连接的范围有限，无法联系到远离海岸的渔民，热带气旋"奥奇"致使多人在海上丧生。发布天气相关警报的现有技术和设备只能到达距离海岸线10至12公里内的渔民，即移动电话和甚高频收音机的典型范围。

为了应对这一挑战，印度国家海洋信息服务中心，一个隶属于地球科学部的自治机构，与印度机场管理局共同开发了GPS辅助地理增强导航卫星系统（GAGAN，GPS-Aided GeoAugmented Navigation Satellite System）水手导航和信息仪器（GEMINI，GAGAN Enabled Mariner's Instrument for Navigation and Information）。该设备能够通过地球同步通信卫星接收天气信息，并通过蓝牙将这些信息传输到距离海岸线6 000公里的智能手机应用程序。GEMINI系统能够无缝有效地向渔民传播关于灾害警报、潜在捕鱼区和海洋状态预报的紧急信息和通信。GAGAN由三颗通信卫星GSAT-8、GSAT-10和GSAT-15卫星系统组成。通过在渔船上安装GEMINI设备，渔民可以在每天16:00收到有关潜在渔区和海洋状态预报的信息，并每小时收到极端天气警报（如气旋）。由印度国家海洋信息服务中心开发的移动应用程序可以以九种地区的语言解码并显示信息。

打通"最后一公里"的主要挑战

■ 气候服务没有为浅海和深海渔民量身定制。
■ 信息通常没有被翻译成当地语言，对用户的适配性较差。

经验教训

- 通过GEMINI传输的天气信息，克服了气候服务在境外覆盖范围方面的重大限制。
- 提供有针对性的服务，提供与浅海和深海渔民相关的信息。
- 翻译成当地语言，确保渔民能够接受相关信息。

工作展望与投资机会

- 应增加对基础设备和蓝牙技术的投资，提高渔业社区公平地获取信息的能力。
- 除了极端事件预警之外，还需要进一步投资定制服务，以支持可持续和有弹性的气候服务方式。
- 在国家、区域和全球层面上扩大对研究机构、政府实体和私营部门之间的协调投资。

©Reuters/Sivaram V
路透社：西瓦拉姆拍摄

参考文献：

Amrita, C. & Karthickumar, P. 2016. Need for mobile application in fishing. *International Journal of Science, Environment and Technology*, 5（5）：2818-2822.

Ayobami, A. S. & Sheikh Osman, W. R. 2013. Functional Requirements of Mobile Applications for Fishermen. *UACEE Second International Conference on Advances in Automation and Robotics–AAR*. 13.

案例研究

加强老挝的农业气候监测和
信息系统（SAMIS）

 国家：
老挝

 时间：
2016年至今

 机构：
粮农组织、自然资源和环境部、农业土地
管理部、气象和水文部、全球环境基金

背景

在老挝加强气候服务最近取得进展的基础上，加强农业气候监测和
信息系统（SAMIS，Strengthening Agroclimatic Monitoring and Information
Systems）项目在国家和省级支持农业气象数据的收集和监测、通信和分析
设施。该项目还加强了共享数据、归档、分析和解释农业气象咨询的机构
和技术能力。该项目开发了一个系统，即LaCSA，用于档案管理和处理农
业气象信息。该系统将气象和农业数据结合起来，在省级（18个省）编制
季节预报，并在地方编制每周简报（141份简报），为农民提供农业气象服
务。这些简报包括天气展望、气候智能型农业建议以及几种作物和三种牲
畜的病虫害风险咨询。

打通"最后一公里"的主要挑战

服务和信息的传播和吸收是到达"最后一公里"的主要挑战。SAMIS
项目对总计343名农民进行了家庭调查。调查重点介绍了用于提供农业气
象服务的传播渠道，以及接受这些服务的首选方式。有两个地区（占接
受调查农民的31%）设有农民田间学校，除了通过扩音器提供的信息外，
农民还可以获得天气信息。其余的农民（69%）只能通过扩音器接收天气
信息。

使用气候信息咨询的益处

■ 参加农民田间学校的农民更好地理解了天气预报对农场决策的影响，
从而更清楚地认识到天气预报的重要性。农民田间学校还帮助农民
更好地了解天气预报是如何产生的，以及如何更有效地解释农业气
象报告。

■ 在各种通信方式中，农民田间学校里的农民对气候服务的吸收和使用都较高。气象和水文部的脸书网站是最常用的传播方式（61%），而只有33%的农民使用扩音器。SAMIS农业气象公报主要通过WhatsApp（55%）和LaCSA手机应用程序（32%）访问。

尽管参加了农民田间学校，但大多数农民（超过80%）报告说，他们根据直接从社区广播系统接收到的SAMIS公告调整他们的耕作方式。

扩大推广的机会

在老挝，作为科学工具，农民田间学校被用于培训整个气候智能型村庄的农民，同时得到气候智能型农业相关产出。由于其成本问题，推广系统尚未完全发展起来，且往往依赖于现有的合作项目。扩大这一方法的一些机会与以下几点有关：

■ 通过手机应用程序、脸书页面和每周电视节目提高LaCSA的数据意识。地方电台的使用规模还有待扩大。然而，由于广播时间的限制，这些频道无法保证提供详细的本地信息。其中70多个村庄有一个由村政府管理的扩音系统，为增加农业气象信息的受众提供了机会（图5-2）。

■ 国家农林研究所对所有地区主管部门（141个地区）进行培训，以便在当地为项目或投资者提供推广人员。

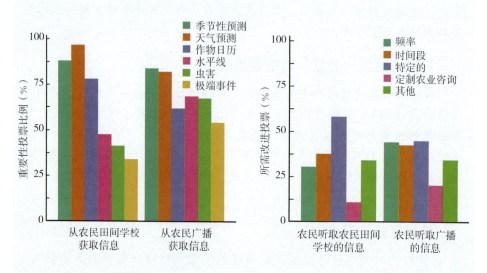

图5-2　农民所需的农业气象服务（左）和农民认为需要改进的方面（右）

经验教训

- 参与农民田间学校的农民更有可能了解和使用气候服务，以便在实地做出气候知情决策。
- 参加农民田间学校的农民要求获得包括农场管理运营信息在内的咨询，如：①种子或品种选择；②使用化肥、除害剂、病虫害防治措施；③针对牲畜的农业咨询，不局限于获取作物的气候和天气信息。

工作展望与投资机会

- 传播渠道多样化，促进农村社区公平地获得气候服务。尽管通过LaCSA系统在全国范围内提供气候服务，但仍需要投资来增加气候服务的使用和吸收。
- 对农民团体的投资将确保气候服务的吸收和相关经验的推广。然而，政府需要在能力发展（如农民田间学校）和长期经济可持续性之间取得平衡。
- 有一些机会可以通过现有的气候服务来改进信息，为农场管理实践提供更容易理解、技术性相对简单，特别是更本地化和量身定制的咨询。投资定制气候服务对于解决"最后一公里"的需求是非常必要的。

©Unsplash/Boudewijn Huysmans
图片素材网站：布雷维恩·休斯曼斯

编制：Monica Petri, Kim Kuang Hyung（粮农组织洛杉矶办事处）和Leo Kris Palao（国际热带农业研究中心）。

案例研究

农民和牧民的观点：尼泊尔农业气象信息的"最后一公里"需求和吸收

 国家：
尼泊尔

 时间：
2020年

 机构：
粮农组织

背景

在尼泊尔，NARC是负责将农业气象咨询纳入农业部门主流的主要机构，主要是农作物和牲畜生产。NARC的主要目标是：①向农民和其他利益相关者提供及时的农业气候和天气信息；②在农业中扩大早期预警系统的使用，减少极端天气事件和气候变化造成的生产风险；③提供最新的农业技术。NARC传播的最受欢迎的产品是《农业咨询公报》（AAB，Agro-Advisory Bulletin）。AAB是一份由专家编写的技术公报，旨在加强农民的能力，使他们能够更有效地应对不利天气条件。在传播AAB之前，NMHS、农业部、畜牧服务部等政府部门之间进行了广泛的协商。其间，研究可影响作物生长和牲畜生产力的其他生物压力（如病虫害）等各领域的专家也参与了进来。

本案例研究强调了加强向尼泊尔"最后一公里"用户传播农业气象信息的挑战和机遇。评估用户需求是连接气候服务框架供需双方的先决条件。本案例研究为农业气象信息生产者（DHM、NARC、农业部、畜牧服务部）提供了全面识别用户需求的方法，以建立有意义的反馈机制，改进现有的同时开发新的推广咨询。案例提出如何使农业气象信息对用户群体更容易获得和更有用的建议。本案例研究相关信息涉及对尼泊尔科西河流域840个农户的调查，在粮农组织聘请的咨询公司的支持下，通过使用KoBot工具收集获得。

农民对气候危害的认知

农业系统日益受到气候变化和变异性的影响。尽管尼泊尔雨量充沛，但农民和牧民认为干旱是影响农业活动的主要危害，其次是暴雨、病虫害、霜冻、冰雹和大风天气（图5-3）。

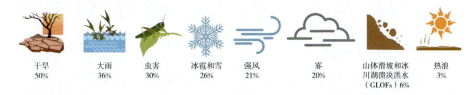

| 干旱 | 大雨 | 虫害 | 冰雹和雪 | 强风 | 雾 | 山体滑坡和冰川湖溃决洪水（GLOFs）6% | 热浪 |
| 50% | 36% | 30% | 26% | 21% | 20% | | 3% |

图5-3　农民认为自然灾害影响尼泊尔农业活动的发展

注：每种危害的反应是按总应答者数量的百分比报告的。

现有的沟通渠道：“最后一公里”用户的需求和偏好

NARC指出，农业气象信息通过电视和广播节目、短信、彩色编码警告和警报在全国主流化。农民和牧民表示他们主要通过电视和广播获得信息。总体而言，NARC现有的农业气象咨询服务沟通渠道最为有效，并为农业用户所接受。然而，为了增加受益人数，农民和牧民建议使用电话服务，以便随时向专家咨询并接受符合他们需求的建议。农民还建议扩大和推广现有的通信手段，如短信和广播（图5-4）。

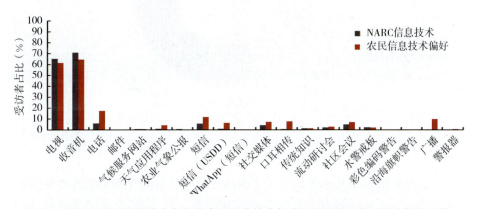

图5-4　NARC用于提供农业气象信息的通信技术与农民所需的通信手段之间的比较

为作物系统量身定制的农业气象服务

为了有效实施有针对性和量身定制的农业气象服务，支持农民的战略决策（例如何时整地和播种作物，以及种植什么作物和品种），须向农民提供季节预报和作物日历，并监测其他气候参数，提高农民在生长季节准备和应对灾害的能力。

图 5-5 的调查结果显示，农民优先考虑以下方面的农业气象信息：

- 雨季开始（69%）
- 季节性预测（31%）
- 最佳播种期（24%）
- 温度预报（24%）
- 病虫害预报（20%）
- 干旱（18%）

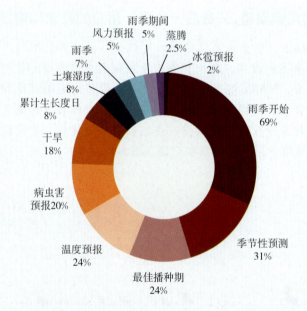

图 5-5　农民农业气象咨询偏好对水文气象灾害及其相关灾害的适应

这些建议对于减少投入损失（例如由于不及时整地而造成的经济和时间损失，以及由于播种失败而造成的种子损失）、优化农业管理战略（例如更精确地匹配气候条件的化肥、农药和杀虫剂的应用）、提高产量至关重要。

提出咨询意见的期望频率是：

- 季节性雨季开始时期。
- 季节性或涉及最佳播种日期、温度预报、病虫害预报和干旱期有关的任何时间。

除了雨季开始和病虫害预测外，所有这些预警都已由 NARC 处理。

为畜牧系统量身定制的农业气象咨询

在畜牧业方面，确定了六种农业气象服务。主要服务为：饲料供应、潜在疾病发生区、水资源供应和跨牧业走廊，如图5-6所示。从牧民的角度提出咨询意见的期望频率是：

- 每日、季节性或任何与饲料供应相关的时间。
- 每天监测水资源可用性和潜在雷击区。
- 与潜在疾病发生区和跨牧业走廊相关时。

虽然这些牧民要求提供这些服务，但到目前为止，NARC仅完成了其中一项定制农业气象咨询，即每日发布潜在的疾病发生区。

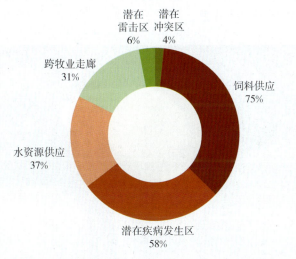

图5-6 牧民的农业气象咨询偏好，以更好地适应水文气象灾害和相关灾害

工作展望与投资机会

加强农民和牧民传播和吸收信息的建议如下：

- 信息生产者需要更好地了解用户的需求，并进一步调整咨询建议，以确保增加对气候服务的利用。
- 探索低成本、高效益的通信方式，如通话服务和其他语音通话平台。
- 尽管农民尚未采用或获得广泛的通信技术，但他们认为投资通信技术有许多好处。数字服务可以节省经济成本，并支持扩大信息规模。在这种情况下，这一过程已被政府机构纳入主流化。

- 在农业气象服务尚未得到显著发展的畜牧业部门，有必要建立多学科工作团队，以探索最合适的工具和方法（如遥感和地理信息系统）。
- 利用卫星图像生成农业气象指数，为农民和牧民提供中短期咨询。这可以与国际山地综合发展中心的农业信息仪表盘合作完成。这些机构可以促进集中决策，并使农业专家更容易将天气和作物信息转化为可理解的农业咨询。
- 在兴都库什地区推广美国国际开发署与国际山地发展中心共同开发的干旱监测和预警系统。
- 外交事务研究所开发了一个具有SMS和安卓产品的平台（SMILES-Nepal），为用户提供广泛的农业咨询。这些咨询可以与天气信息同步，并为农民的日常农业活动提供支持。这个平台可以作为农业数字化进程的一部分进行进一步探索。

©Adobe Stock/邦邦拍摄

参考文献：

Institute of Foreign Affairs（IFA）. 2020. *IFA.* [online]. [Cited 02/02/2021]. http://www.ict4agri.com.

Timilsina, A., Shrestha, A., Gautam, A., Gaire, A., Malla, G., Paudel, B., Rimpal, P.R., Upadhyay, K. & Bhandari, H. 2019. A practice of agro-met advisory service in Nepal. *Journal of Bioscience and Agriculture Research*, 21（02）：1778-1785.

Timilsina, Amit & Shrestha, A & Gautam, A & Gaire, Achyut & Malla, G & Paudel, B & Rimal, P.

编制：Krishna Pant 和 Jorge Alvar-Beltrán（FAO）。

©Unsplash素材网站：凯西·麦科伊

案例研究

积极主动而不是被动反应：
朝着菲律宾干旱的预期方法迈进

 国家：
菲律宾

 机构：
菲律宾大气、地球物理和天文服务管理局，农业部，粮农组织，基于预测的融资及预期行动国家技术工作组，菲律宾红十字会，启动网络和世界粮食计划署

背景

ENSO事件导致菲律宾出现了严重的干旱。更短和更不稳定的雨季已经导致了重大的作物歉收和对畜牧业和水产养殖业的严重损害。在2015—2016年的ENSO事件中，菲律宾的农民损失了超150万吨的粮食，有超过40万人需要接受援助，才能走出干旱的影响。

在此背景下，粮农组织在2018年至2019年设计了一个早期预警系统，以预测棉兰老岛的干旱情况。该系统利用地球物理和天文服务管理局的国家数据以及区域和全球预测及监测模型。早期预警系统表明，棉兰老岛极易发生干旱，威胁脆弱家庭的粮食安全。除此以外，棉兰老岛经历了武装冲突，进一步加剧了其不安全和脆弱性。2018年至2019年10月，有迹象表明棉兰老岛将再次发生干旱，粮农组织开展了一系列预防性行动，包括分发耐旱种子、蔬菜园艺包、灌溉设备和牲畜支持（鸭子和山羊）。巡回宣传车队让棉兰老岛各地的农民有机会参加关于ENSO事件的研讨会，并实施农业管理战略（种植和灌溉），以抑制干旱期间的损失。

打通"最后一公里"的主要挑战

- 农民并不一定会正确理解气候术语，也不一定收到有关其农业资产将如何受到影响的具体信息。
- 农业社区需要获得预测信息，并将其转化为清晰的气候适应型实践。
- 预警信息必须送达棉兰老岛最脆弱的家庭，特别是女性户主家庭和位于冲突地区的家庭。

83

©Unsplash/Michael Rivera 迈克尔·里维拉

克服"最后一公里"障碍取得的进展

- 粮农组织和政府合作伙伴领导了一场预见性行动公众宣传运动，提醒棉兰老岛沿线大多数省份的农民如何为即将到来的干旱做准备，以及开展早期行动措施的重要性。
- 除了厄尔尼诺研讨会外，还安装了21个信息广告牌，显示雨水预报和关于适应干旱的水稻和蔬菜生产的建议。
- 为确保向最脆弱的家庭提供早期预警，针对妇女户主家庭或受冲突影响的家庭，采用了对性别问题敏感和对冲突问题敏感的方法。
- 粮农组织通过将预测性行动纳入地方政府规划（如城市灾害风险减少和管理计划）的主流，粮农组织提高了棉兰老岛班沙摩洛自治区南拉瑙的五个地方政府单位的能力，同时还制定了标准操作程序，明确触发因素并确定适当的干预措施，应对不同城市的厄尔尼诺现象。
- 2018年，菲律宾农业部开发了一个干旱预警系统。其功能仍需要进一步完善，并推广到菲律宾各地。

经验教训

- 树立利益相关方对早期预警和早期行动投资的信心，在国家、区域和全球各级收集信息。就避免的灾害影响而言，在早期预警和早期行动方面每投资1美元，可获得高达4.4美元的回报。
- 尽早采取行动可以帮助弱势家庭在克服干旱影响方面感到更安全、更有信心。

工作展望与投资机会

- 需要加强农业气象公报、手机、广播电视等预警传播渠道。更新信息不仅可以提供预报本身的信息，还可以提供农民为保护其资产可以采取的行动的信息。
- 预期行动方案应与地方政府的计划保持一致，即使没有正式宣布进入紧急状态也可以从政府的紧急预算快速反应基金获得资金援助。
- 与政府及其合作伙伴建立干旱预期行动方案，以确保早期预警系统在干旱状况发生之前采取行动。学习菲律宾红十字会、世界粮食计划署和Start网络的经验，将其他灾害（如台风和洪水）纳入预警系统。在不同机构和政府之间协调这些系统对于采取更系统的预期性办法和行动至关重要。
- 建立反馈机制，让农民参与建立预警系统，并对预测性行动的触发机制进行反馈；允许农民就需要什么样的信息发表意见；根据农民的知识和实地观察为他们提供机会。

参考文献：

FAO. 2020. The Philippines - Impact of Early Warning Early Action In：*FAO* [online]. [Cited 11 March 2021]. http://www.fao.org/emergencies/resources/documents/resources-detail/en/c/1287660/.

编制： Maria Quilla、Catherine Jones、Niccolò Lombardi 和 Nora Guerten。

© 粮农组织/Vyacheslav Oseledko

6 | 欧洲和中亚

　　欧洲的气候以温带为主，其次是南部地区的亚热带气候和北部沿海的极地气候。在地中海区域，气温升高和夏季降水不足对作物生产以及牲畜放牧和饲料产生了显著影响。中部和北部地区经历了更多的洪灾，农业生产和食品价值链造成破坏和损失。气候变化将增加风暴、火灾和病虫害暴发带来的干扰，将对森林生长和农业生产产生影响。极端气候事件（如长期干旱）的增加将加剧农业生产的波动性，并对农民的经济状况产生影响。例如，2020年，欧洲北部和中部地区受到干旱影响，4月是许多欧洲国家有记录以来最干旱的时期（WMO，2021）。随着气候变化，预测显示，在21世纪末全球变暖3℃的情况下，英国和欧盟暴露于热浪的公民数量将从每年1 000万人口（1981—2010年平均）增长到每年近3亿人口，即欧洲总人口的一半（联合研究中心，2020）。中亚国家是以干旱至半干旱气候为特征的重度农业社会，在高原以外的地区特别容易发生干旱和沙尘暴。气温和降水的变化预计会减少冰川和积雪，这将减少河流流量，对雨养农业和灌溉农业构成重大风险。土壤盐渍化和荒漠化也威胁到该地区的农业生产力。

6.1 数据收集和监测

欧洲

欧洲哥白尼计划为整个欧洲提供气候监测产品。哥白尼的信息服务是来自被称为哨兵的六大系列卫星群的数据。这些轨道上的测量设备，或单独运行或与放置在海上、空中和陆地的传感器结合，由国家气象局、研究机构和私营机构所有。欧盟联合研究中心的农业资源监测（MARS，Monitoring Agriculture Resources）气象数据库包含了来自气象站的观测数据，这些数据体现在25公里乘以25公里的网格上。自1979年以来，每天都对欧盟和邻国进行观测记录。在欧洲气候服务年度报告（哥白尼气候变化服务局（C3S，Copernicus Climate Change Service，2021）的月度公告中介绍了最近的发展，并将历史角度进行了分析。

欧洲中程天气预报中心为其成员、合作国家和全球社会提供全球数值天气预报。该中心拥有世界上最大的超级计算机设施和气象数据档案之一，有助于提供先进的培训，并协助气象组织执行其各项方案。联合研究中心提供近实时的作物生长监测和产量预测信息，并通过整合作物模型和未来气候情景评估气候变化对农业的影响。它还为世界各地粮食短缺地区的农业生产提供科学建议和预警。这些预警每十年更新一次，并根据作物的物候阶段进行调整。通过向农业部和成员国提供广泛的技术支持服务，联合研究委员会在农业部门的活动为共同农业政策的管理做出了贡献（Himics等，2020）。

©图片素材网站：马克西姆－卡哈里茨基 ©Unsplash/Maksym Kaharlytskyi

中亚

在中亚，维持台站网络和收集数据由国家气象局负责。中亚的国家气象局在苏联时期建立了一个共同和完善的结构。他们采用综合的方法，将气象、水文和环境观测相结合。在苏联解体后，一些中亚国家无法维持同样的资金水平，运作站的数量和设备也相应减少。也有部分国家设法维持了相关网络。这些国家都迫切地需要投资加强基础设施、规范业务流程和提高工作人员的能力。国家气象局的衰弱在中亚东部地区尤为明显（世界银行，2008）。在实践中，每个国家的医疗服务机构仍然主要按照苏联时期建立的程序运作。人员配置水平总体很高，但工作人员没有足够的技能为不同的用户提供数据，也没有使用现代技术的知识。具体部门的技术资格认证和培训往往不足，在农业部门提供有效用户界面的经验有限（世界银行，2019）。在整个地区，观测网络的密度不足以支持农业应用。在许多国家，由于测量设施、设备和通信的劣化，测量的数量一直呈下降趋势（世界银行，2019）。

塔什干曾经是所有中亚国家气象局的科学中心，现在是WMO的RSMC。区域水文中心支持水文气象现代化项目，促进区域内的信息交流。目前的区域需求包括冰川监测、区域气候展望和评估、可靠的跨境河流季节性水资源评估以及区域范围内的山洪、干旱和沙尘暴的预测和预警（世界银行，2019）。每个国家的NMHS都有不同的治理结构。例如，在吉尔吉斯斯坦，NMHS是紧急事务部的一部分；在塔吉克斯坦，NMHS是环境保护委员会的国家机构（企业）；在土库曼斯坦，由土库曼斯坦部长内阁下属的全国委员会管理NMHS。

6.2 共同生产定制服务

欧洲

C3S中的几个项目正在调整其气候数据和模型，以帮助农业部门更好地应对气候变化。C3S几乎实时提供数据以支持农场决策和农作物评估，数据可以直接用于作物模型与农业部门相关的指标。可用的信息包括历史数据、未来气候数据、作物产量数据以及水指标和统计数据。

　　JRC "Agri4Cast" 项目提供的数据集包括作物模型、作物日历、物候数据以及供暖制冷度日，这些数据向欧盟国家和邻国免费提供。JRC MARS 公告为欧盟和邻国的作物生长条件和产量预测提供了近乎实时的信息和操作分析。该地区的单个成员国和非成员国都有收集气候数据的 NMSH，而农业和统计部门则有农业普查和数据库。在 WMO 的 WAMIS 平台提供相关信息的成员国包括阿尔巴尼亚、比利时、保加利亚、克罗地亚、德国、希腊、匈牙利、爱尔兰、意大利、摩尔多瓦、葡萄牙、塞尔维亚、斯洛伐克、斯洛文尼亚、西班牙、瑞士和土耳其。WAMIS 还提供东南欧干旱管理中心，该中心成立于2007年，制作了标准降水指数以及1951年至今的降水和百分位数图。欧洲每个国家都有不同的能力，并为农民生产独特的量身定制产品（**案例研究：在北马其顿联合制作量身定制的疾病预测**）。

　　在欧洲，私营部门在气候服务框架的每一个步骤中都发挥着关键作用，包括数据收集、监测、合作生产以及向农民提供气候服务和农业咨询的交流。农业气象学领域的新兴公司正在欧洲各地成立，其目的是确保农业决策能够得到最新的气候信息。"Sencrop" 就是一个例子，这个平台可以为农民提供可靠的特定地点的天气数据，从而提高田间管理活动的日常效率。Sencrop 公司开发的产品可以实时评估气象和农业风险，预测任何变化，并根据天气观测结果支持农民计划的活动。Sencrop 拥有全国最大的农业气象站网络，由于其密集的观测网，Sencrop 已经开发出了适合农民使用的商品农业气象服务。Sencrop 的服务包括：

- **粮食作物**（小麦、玉米、大麦）：Sencrop 服务为农民提供信息，防止农作物出现真菌病害（虫害和锈病）和暴雨期间发生的内涝。触发警报的农业气象指数包括根据生长阶段而定的湿度和温度（针对霜冻风险）、积温（针对小麦叶锈病或小麦黄锈病）、积雨和温度（针对白粉病）、热振幅和湿度（针对除草）。该应用程序还使用相连的气象站来评估成熟度，并为农民提供最佳收割时间的信息。

- **马铃薯**：用于马铃薯种植的农业天气数据可以预防疾病，并有助于优化有关治疗窗口和方案的决策。例如，马铃薯枯萎病在强降雨（湿度在90%以上）和温暖期（平均温度在11℃以上）的交替时期暴发。放置在马铃薯地里的叶片湿度传感器和雨量计使该产品能够确定马铃薯枯萎病的风险，并通过手机警报、短信和电子邮件根据天气警报触发不同的警报。

- **葡萄**：农业服务警报保护农民免受灾害（如霜冻、霜霉病、白粉病、灰腐病和小叶蝉等害虫），这些危害会对植株的发育产生不利影响，降低葡萄的质量和产量。警报减少了农户在农药上的支出。通过支持农民调整化学品施用的时间，更好地适应天气条件。

■ **树木作物：**Sencrop 的产品可以让农民在树木疾病（如结痂、念珠菌和蠹蛾）、霜冻或喷药后冲刷的风险方面做出最好的决定。Sencrop 为农民提供了两种解决方案，一种是基于叶片作物的湿度传感器，另一种是能够显示湿球温度的雨量计。农民可以设置安装包括风力涡轮机、加热器或洒水系统等警报来抵消霜冻的影响并采取行动，防止作物遭受霜冻。Sencrop 还与国家研究机构（英国的国家农业植物学研究所）和"RIMpro"云服务建立了合作关系，为农民整合了一套决策支持工具。国家农业植物学研究所通过提供实时的灌溉调度建议来增强 Sencrop 产品，"RIMpro"使用实时信息对病虫害发展进行预测。这一伙伴关系强调了建立体制安排和合作以有效联合生产用户定制气候服务的重要性。

中亚

在中亚，气象和水文气象服务在提供有关该地区主要水资源和能源的河流流量的信息方面发挥着关键作用。帕米尔山脉、兴都库什山脉和天山山脉融化的雪和冰川供应了锡尔河和阿姆河，因此，为农业生产者量身定制的产品需要水文专家密切监测雪的积累和融化。山洪暴发是由多个当地因素引起的，这使得它们难以预测。然而，山洪始终是中亚山区等脆弱社区的重要风险。为了改善预报的准确性，数值预报与洪水指导系统正在融合，从而增加该地区早期行动的潜力。中亚地区山洪预警准确度有所提高，可提前3至36小时提供（世界银行，2019）。

在吉尔吉斯斯坦，水文气象服务机构提供十年一度的农业气象预报和公报，包括气温、湿度展望和土壤湿度信息。公报还包括关于作物物候阶段的信息——预期开花时间，以及季节性审查和产量预测，必要时将通过电子邮件发送给农业部。然而，由于没有适当的反馈机制，现有的农业气象产品没有获得价值的提升。由于观测网络稀疏，数值天气预报模式薄弱，国家对影响农业部门的主要水文气象和气候灾害（热浪、干旱、冰雹和雾）的监测和预报存在一定困难。现有的部门间合作和数据交换仍然薄弱，早期预警系统和早期行动计划不一定能减少农业部门灾害的风险。此外，目前有必要提高吉尔吉斯斯坦水文气象和农业气象服务的能力，包括知识和方法学的转让、协调、沟通和开发与农业社区相关的用户界面。

在阿塞拜疆，水文气象服务机构为农业协会和农民提供天气信息和气候服务。农业气象公报包括关于作物发育、空气和土壤温度的信息，并以十年为单位编制。已查明的一些主要差距包括：农业部、紧急情况部和生态与自然资源部之间缺乏协调，同时需完善现有的农业气象基础设施，建立系统的农业气象培训计划。

中亚气候信息平台（CACIP）是在中亚区域环境中心CAREC和ICARDA的咸海盆地气候适应和缓解计划CAMP4ASB项目下开发的一项区域倡议，由世界银行资助。中亚气候信息平台是一个用户驱动的在线数据库，包含使利益相关者能够访问、分析和可视化公共领域的数据。中亚气候信息平台还促进数据共享和知识交流，以加强利益攸关方之间的网络。

2019年，在塔吉克斯坦和乌兹别克斯坦开展了农民磋商。研讨会展示了平台的特点，并进行了调查，以考虑农民的见解。由于中亚气候信息平台需要互联网接入，而农民可能无法接入或不知道如何使用，因此该平台确保更有经验的农民或中介机构（如推广部门和非政府组织）可以提供适当的材料，打印和下载。信息只有俄语和英语，但中亚气候信息平台计划提供五种中亚语言的内容（中亚气候信息平台，2021）。

CAREC在农业气象监测和预报方面积极与区域行动者合作，并通过CAMP4ASB项目使农业社区参与气候服务的生产。多年来，CAREC一直在寻求将现代预测模型引入哈萨克斯坦、塔吉克斯坦、土库曼斯坦和乌兹别克斯坦的农业气象应用。由于哈萨克斯坦和乌克兰研究机构之间的合作生产和区域知识的交流，国家气象局修订了哈萨克斯坦南部2019年玉米和甜菜产量预测的动态模型（CAREC，2020a）。2020年，白俄罗斯、俄罗斯联邦和乌克兰国家气象局的专家就现代天气预报的可能应用进行了一项研究，以期选择最适合该区域的产量预报模型，并通过为中亚国家的国家气象局举办的培训研讨会将其实施（CAREC，2020b）。

©Unsplash/Michael Kyllonen 图片素材网络 泽尼水 – 吉尔吉斯

在哈萨克斯坦，私营部门承担了与生产农业气象数据、统计数据和公报有关的一些费用。为气象和水文气象数据付费在整个区域是普遍的，在支持正式协议和加强公共机构之间的安排方面有很大的潜力（**案例研究：加强塔吉克斯坦气候服务的体制安排和协议**）。

6.3 打通沟通服务"最后一公里"

欧洲

在经合组织国家，农民为获得扩展服务付费是很常见的，从经济角度来看，这种方法的可行性越来越高（Hone，1991；Marsh 和 Pannell，2000）。然而，在转型期经济国家，由于没有亲自见证到收益，许多生产者无法或不愿支付服务费用。虽然公共机构有鼓励项目成本回收的激励和制度安排，但缺少公共部门之外的扩展服务提供机构（Anderson 和 Feder，2003）。

因为市场产品在欧洲的不同国家有很大的差异，有很多组织提供扩展服务，包括信息和建议。例如，在农业部内由政府全额资助和管理的专业农业推广机构；受农业部监管的私营注册公司或咨询公司，以及为解决农民需求的由政府资助的区域推广中心。

现场观察提供的证据表明，小规模农民获得面对面咨询服务的机会有限（Labarthe 等，2013）。为解决这一障碍，该地区已经制定了具体的方案。然而，尽管有公共财政支持，这一挑战依然存在。对于资源有限的小规模生产者来说，获得咨询服务的机会更少；大规模的农场可以依靠网络，从土地所有者那里获得财政捐助和服务。私人咨询或顾问服务一般是针对商业农民的需求。为小规模场主提供这些服务需要公共投资来提高服务提供者的能力，建立服务市场（Anderson 和 Feder，2003）。

欧洲越来越多的人认识到为推广服务提供公共资金的合理性。人们普遍认为，一般公众比扩展客户受益更大，政府可以更便宜或更有效地提供服务（van den Ban，2000），而私人服务在服务客户方面往往更有效率。私营部门的扩展战略可以以不同的方式发挥作用，但大多数都涉及为私营服务提供公共基金（Rivera、Zijp 和 Alex，2000）。Prager 等（2015）强调，私营部门的气候服务，为解决农民的需求量身定制，这对那些负担得起成本的人提供了更有意义的资源。另外，专注于确保数据的准确性和可持续解决方案的公共部门有时缺乏资源和动力来提供有针对性的和针对客户需求的服务。

在摩尔多瓦，水文气象局和国家农村发展署启动了一个系统，将潜在危险状况实时共享给该区域和地方专家，然后这些专家通过短信与订阅了电话警报的农民共享信息（粮农组织，2021b）。向农民共享的信息包括天气预警、水文预警、每日和每周预报、十天天气评估和土壤水分储备状况。国家农村发展署日前还与电话运营商（Orange等）签署了一项合同，为感兴趣的各方提供更低成本的农业气象套餐。尽管这一创新的解决方案经过了测试和介绍，但迄今为止，由于与接收信息相关的成本较高，订阅了该服务的农民人数较少。扩大服务规模的另一个障碍是国家农村发展署无法支付提供有针对性的农业气象咨询的成本。因此，该服务还未完全投入使用，用户数量仍然有限。

在格鲁吉亚和亚美尼亚，从数据收集（扩大农业气象观测网络）到气候信息的交流（确定最有效的沟通渠道，以提高信息的吸收率）的整个气候服务框架都需要加强。在亚美尼亚，农业气象信息需要纳入现有的水文气象公报。这两个国家都需要改善农业用户获取和使用天气、气候和农业气象信息的情况，其中推广服务发挥着关键作用。

©FAO/P. Khangaikhuu 粮农组织：护着期

中亚

在中亚地区，NMHS保留了官方的天气网站，但大多数服务尚未适配移动应用程序或短信服务。

农业气象公报通常由国家气象局和农业部单独编制，在这个领域还需进行协调或达成正式协议。不同国家为其民众提供气候服务的沟通方式有所不同。许多国家认为需要为农民开辟更多的获得服务的渠道。根据当地地形地貌、移动电话网络的可用性和其他社会经济因素通信需求，也因国家而异。与北极地区，高加索及中亚山区和人口稀少的偏远地区的通信尤其困难（世界银行，2008）。在一些山区国家，由于旅游业的发展，信息通信技术、移动电话和互联网接入的可获得性和可负担性在中亚地区显著增加（中亚大学，2012）。

中亚地区（吉尔吉斯斯坦、塔吉克斯坦和土库曼斯坦）的一项区域评估比较了多个部门的用户对天气、气候和水相关信息的需求（Rogers等，2016）。在吉尔吉斯斯坦，农业部门需要长达五天或更长时间的天气预报、每日标准气象资料、水管理和作物保护的预警和警报以及作物管理的季节性预测信息。在塔吉克斯坦，长达五天或更长时间的天气预报和转运走廊的天气预报的信息最为重要。在土库曼斯坦，农民最为关注长期预测、农业特定产品相关农作物和气候展望。在这三个国家，总体上都需要改善用于提供信息服务的通信渠道。例如，土库曼斯坦需要发展相应的技术和程序来开发传播自然灾害和技术信息的资料、在电视上播放天气预报并更新国家气象局网站。在塔吉克斯坦和乌兹别克斯坦，农民通过当地非政府组织开发的移动应用程序接收信息，但这些应用程序通常与NMHS服务没有关联。

6.4　通向"最后一公里"的实际参与

鉴于欧洲气候服务市场的增长，预期用户参与示范研究变得至关重要。例如，为了建立欧洲市场框架，示范研究正在整合措施，促进气候服务领域相关机构共同参与设计、开发、评估和传播气候服务框架。吸引气候服务用户参与的手段包括示范研究、讲习班、培训活动和能力建设计划（EC，2015）。欧盟在制定市场框架方面处于领先地位，并就提供气候服务制定了明确的路线图。这个市场框架基于经济分析结果，建立在响应用户需求的商业模式之上。欧洲用户参与的一个具体例子是"MED-GOLD Horizon 2020"项目，该项目让在地中海地区不同部门工作的社区参与定制产品的生产，包括橄榄、小麦和葡萄生产商容易获得的目标作物。

农村发展方案支持在欧洲国家、区域和农场层面实施适应性措施，这些项目由欧洲农村发展农业基金资助，获得共同农业政策总预算的约20%（EC，2017）。农村发展方案支持欧盟成员国和各区域的气候变化适应工作，并由欧盟提供联合资金。提供的支持包括提供相关信息、提高认识和提供农场建议；促进农业现代化（例如制定灌溉效率规划）；加强应对恶劣天气影响的措施；改进风险管理（如保险）；促进农业、环境和气候适应措施和有机农业发展。在欧盟，促进农业合作社与农业生产者和边缘化群体（如妇女和青年）沟通交流并提供支持。

对于非欧盟成员国来说，在农场一级实施适应和缓解措施取决于现有的知识、方案和示范项目。2003年，在中欧和东欧，通过粮农组织在7个国家实施的项目引入了农民田间学校的方法，探索并支持农民通过综合虫害管理战略管理玉米害虫（西部玉米根虫）。该项目还有助于加强农民的长期经营管理，并支持创新农业生态做法。虽然该地区的农民田间学校并没有侧重于气候服务，但已经启动了各种示范项目和示范区。在中亚，CAMP4ASB项目为农民组织了讨论适应气候变化措施的平台，并编写了专门为农民制定的宣传册。

6.5 投资需求

东欧和中亚以及近东和北非地区从经合组织国家获得的气候变化适应和缓解项目资金最少（3.8亿美元）（Chiriac和Naran，2020）。为增加"最后一公里"的投资，本报告建议采取以下行动：

1）避免零散的投资，为气候服务框架的每一个环节提供资金支持。

2）投资修复中亚各地的水文气象站，加强对农业和其他部门关键的天气、气候和水文信息服务。

3）在各地按需投资水文、天气和气候数据，以减少和更好地管理灾害风险。

4）为充分利用数字技术和信息通信技术的基础设施进行投资。

5）增加对山洪预警的投资，促使脆弱社区及早采取行动。

6）开发针对特定商品或农业实践的气候服务。

7）支持私营部门的参与，通过公共和私营部门之间的合作，发挥气候服务商业化的潜力。

8）投资推广服务和向农民提供建议和服务的非政府组织，以确保他们获得气候信息和咨询并接受培训。

9）支持农业合作社和组织，为从事类似类型农业活动的生产者和价值链参与者建立参与性的实践社区。

10）为更对用户友好和需求驱动的服务和产品投资，使用户能够以更系统的方式搜索和审阅这些信息。

11）投资示范项目，提高人们对实地应用气候服务益处的认识。

6.6　区域结论

下文提供的挑战和投资建议是基于对文献的广泛搜索，其中包括研究论文、技术报告、联合国官方报告和WMO作为气候服务全球框架适应性计划项目组成部分之一举办的区域研讨会。这些行动和提出的建议旨在改进气候服务的效率和可获得性，是考虑到弥合"最后一公里"差距的关键需求以及有关区域的社会经济背景而制定。

气候服务框架步骤	主要挑战与障碍	优先行动领域
数据收集、监测和预测	■ 中亚地区观测网络的密度不足以满足农业应用的需要，测量的数量和质量都有持续下降的趋势 ■ 缺乏天气和气候相关的风险信息 ■ 中亚地区缺乏准确和及时的预测 ■ NMHS工作人员在准备信息产品方面缺乏足够的人力和技术能力	■ 提高国家气象局监测和传输实时天气、气候和水测量的能力 ■ 加强水文气象机构的技术能力，特别是在农产品领域的技术能力 ■ 通过安装和加强区域数值天气预测能力，提高中亚地区的预测准确性 ■ 建立区域水文气象远程学习系统 ■ 在中亚地区开发初级指标和信息系统（如农业统计和市场信息系统） ■ 投资于适当的数据和高性能计算基础设施 ■ 对工作人员进行培训，以提高为决策和决策过程提供信息所需的建模和分析能力 ■ 提高与气候服务相关的建模和预测能力 ■ 集中加强中亚地区数据和高级计算基础设施建设
任务小组和数据共享	■ 在中亚气候服务的生产和传播中缺乏正式的机构安排和角色识别 ■ 参与中亚气候服务生产的利益攸关方之间缺乏对话 ■ 缺乏与农业社区的接触	■ 评估气候服务市场（需求和供应） ■ 组织宣传讲习班，讨论数据共享的制度安排和正式协议 ■ 支持中亚国家参与WMO的世界农业气象信息服务 ■ 促进区域协调，在中亚建立区域干旱监测中心 ■ 加强国家气象局、农业部和其他机构之间的农业气象公报编制协调 ■ 基于农业服务和项目开发区域信息通信技术数据库，包括在国家和区域层面上与电子农业相关的项目和功能服务的存储库，进一步支持全面的电子农业战略的实施 ■ 确保具有互补目标的现有技术工作组之间持续交流信息，如预报、气候服务和预期行动等工作组

气候服务框架步骤	主要挑战与障碍	优先行动领域
共同开发有针对性的农业气象咨询	■ 对整个欧洲气候服务市场的需求和供应方面缺乏全面的了解 ■ 缺乏与农业和农村社区的接触	■ 共同设计和制定服务,吸引用户、供应商和研究人员 ■ 绘制气候服务市场、增长潜力和增长该市场所需支持的地图 ■ 明确界定生产和提供气候服务的责任 ■ 为加强合作,为不同规模的利益相关者参与共同设计和共同生产服务投资
向"最后一公里"提供服务的通信	■ 中亚地区缺乏传播自然灾害紧急信息的技术和程序,以及在电视上播放天气预报的技术 ■ 对中亚地区的农业和农村社区如何获取信息缺乏了解	■ 作为国家信息通信技术或农业战略的一部分,制定和实施数字农业国家战略 ■ 根据用户确定的、与农民相关的通信手段,加强农业气象服务的生产和通信 ■ 增强实时特定地点数据,以提高欧洲现场管理活动的日常效率 ■ 利用数据和信息通信技术开发、交付和支持获取和使用气候服务
"最后一公里"的参与	■ 缺乏用户黏性,特别是在中亚地区 ■ 一些国家的农业推广能力低,获得推广服务的机会有限	■ 发展一个可行的气候服务社区,吸引用户、提供者和研究人员 ■ 支持农业推广能力的提升 ■ 在整个欧洲加强量身定制的商品农业气象服务
气候知情行动	■ 几乎没有采取实地行动来提高农民的数字技能,该部门的数字技能水平几乎不存在 ■ 缺乏对"最后一公里"的认识和参与	■ 将用户需求转化为量身定制的农业气象服务 ■ 开发农业咨询,特别是在那些数字服务有望在帮助小规模农民方面发挥关键作用的国家 ■ 增加欧洲小农获得私营和公共部门服务的机会 ■ 支持制定预期行动计划,将预警阈值与行动联系起来,并就如何在水文气象灾害发生前保护最脆弱人群的生命和生计制定明确的指南

调查结果：沟通渠道

本节介绍了针对以下问题的调查结果：当前，天气信息和天气警报是通过什么方式传递到“最后一公里”的？原始调查模板见附件一。

图6-1　欧洲和中亚地区用于向“最后一公里”传递天气信息和天气警报的手段

注：这里所载的结果不代表所有现有的传播方式，农业推广人员、海报、公众会议、面对面等信息传播手段未列入其中。

©FAO/Rustam Shagaev
粮农组织：鲁斯塔木·沙加夫

调查结果：农业气象报告

　　本节介绍了针对以下问题的调查结果：NMHS向"最后一公里"提供了哪些信息？原始调查模板见附件一。

表6-1　欧洲和中亚地区的农业气象咨询调查结果

	北马其顿	塔吉克斯坦	乌兹别克斯坦	罗马尼亚
最佳播种期			✓	
雨季开始		✓		✓
雨季期间		✓		✓
干旱	✓	✓		
累计降水量	✓		✓	✓
蒸发量	✓			
累计生长度日	✓	✓	✓	
土壤水分	✓	✓		✓
季节性预测	✓		✓	✓
降水预报	✓	✓	✓	✓
温度预报	✓	✓	✓	✓
冰雹预报	✓	✓		✓
风力预报	✓	✓	✓	✓✓
病虫害预报	✓			✓
水资源供应		✓	✓	✓
潜在热应力		✓		✓
跨牧业走廊				✓
潜在疾病发生区				✓✓
潜在极端天气事件		✓	✓	✓
海面温度				✓
野外火灾易发区				✓

 作物 ✓　 牲畜 ✓　 渔业 ✓　 林业 ✓

案例研究

加强塔吉克斯坦气候服务的体制安排和协议

©Unsplash/Jk Baseer
图片素材网站

 国家:
塔吉克斯坦

 时间:
2019年

 机构:
国家水文气象局、统计局、农业部、国家植物保护和农业化学组织、环境保护委员会、Neksigol（国家非政府组织）、农民组织、粮农组织、气象组织

背景

塔吉克斯坦越来越容易受到干旱、洪水和滑坡等水文气象灾害的影响。由于技术上的挑战、用于自动化程序的技术有限以及缺乏高质量数据，该国在管理这些风险方面存在困难。由于极端天气事件后恢复气象站的资源和技术能力不足，气象站已经逐步失效。为了有效地向塔吉克斯坦的"最后一公里"用户提供气候信息，已经建立了一套制度安排。

在欧盟的支持下，粮农组织与塔吉克斯坦环境保护委员会水文气象机构密切合作，在塔吉克斯坦建立了一个由三个自动农业气象站组成的农业气象示范网络。这个示范网络的目的是提高人们对气候服务和对农业的相关性和潜在益处的认识。由粮农组织和气象组织联合主办的国家级研讨会召集了参与农业气象服务收集和生产的主要利益相关方，并验证了示范计划的成果。水文气象局、农业部和全国性非政府组织之间就数据共享和定制气候服务达成了正式协议并进行了对话，为在全国推广该系统铺平了道路。

打通"最后一公里"的主要挑战

- 在塔吉克斯坦，为农民和农村社区有效提供气候服务的一个主要挑战是缺乏机构协调和在气候服务价值链上的明确责任划分。水文气象机构在水文气象领域具有技术能力和专门知识，但将其工作用于支持农业的能力有限。
- 水文气象局与农业部以及为农民提供信息通信技术工具和推广服务的非政府组织没有发展沟通机制。

■ 为农民提供气候服务的基线能力已经具备，但需要各机构之间的正式协议，需要对服务的分析和生产的投资开展协调工作。

经验教训

■ 在全国范围内提高了对示范农业气象网络的认识，还需要加强国家机构与私营部门之间的对话与合作，以便在该地部署一个完整的农业气象系统。

■ 确定每个技术机构的能力是制定气候服务生产不同职责的重要的第一步。

■ 需要在主要利益相关方之间进行对话，使所有利益相关方对现有活动敏感，并建立知识交流。为确保用户的驱动，对话应包括来自合作社和农民的代表。

■ 示范方案提供了提高认识的机制，并为扩大活动规模树立了信心。

工作展望与投资机会

■ 在确定各机构职责的基础上，筹备和批准水文气象局、农业部和非政府组织之间的正式协议。

■ 加大示范投资力度。

■ 投资培训水文气象学机构的工作人员，提供与农业部门相关的服务。

■ 扩大农村居民的沟通渠道，进行更广泛的调查。

编制：Fadi Karam（国际顾问）、Jovidon Aliev（粮农组织顾问）和 Ana Heureux（粮农组织）。

案例研究

在北马其顿联合制作量身定制的疾病预测

国家：
北马其顿

时间：
2016—2019年

机构：
水文气象局，农业部，北马其顿农业、林业和水利经济部，粮农组织，西里尔和莫迪乌斯大学，农业研究和农业经济分析委员会，北马其顿农村发展网络。

背景介绍

北马其顿农业部门的特点是自给自足和半自给自足农业，以小型和高度分散的家庭农场为主。2017年粮农组织对北马其顿的小农户和家庭农场的研究显示，89%的农场面积小于3公顷，平均农场面积为1.6公顷。这些农场普遍效率低下，生产潜力小，在达到优质产品的最低标准方面进展缓慢。提高农业部门的可持续性对于满足农业需求和符合加入欧盟的要求至关重要。

除用水效率外，农民面临的主要挑战之一是如何应对农业病虫害的威胁。本案例研究概述了不同机构之间是如何合作的，共同为"最后一公里"定制病虫害咨询。这些建议使农民能够提高生产力，减少因过度使用除草剂和杀虫剂而造成的环境污染。除了增加北马其顿的自动农业气象站网络外，上述机构实施的加强农业气象服务和预警系统的项目支持了过去20年天气和物候数据的数字化，并促进了病虫害模型的开发和测试。由水文气象局托管建立了一个公开的在线平台（agrometeo.mk），提供对实时和历史气候数据、农业气象警报以及物候监测和预测的访问，应对主要气候引起的病虫害。

打通"最后一公里"的主要挑战

- 经历了大规模的农村移民和生态系统退化，北马其顿的农业生产难以达到预期销售标准。
- 为了提出对农业社区有意义的、有针对性的、可操作的建议，专家必须分析和处理原始气候和物候学数据。

使用气候信息咨询的益处

■ 及时准确的信息有助于示范地区的农民做出有助于可持续农场管理和提供环境共同效益的决定。

■ 共同制作的虫害和疾病咨询是确保农民对咨询有主人翁意识，有助于增加信息的获取。

经验教训

■ 国家机构和组织之间的合作对于处理原始农业气象数据和产生有针对性的、可操作的建议至关重要。与圣基里尔—麦托迪大学植物病理学系合作，支持审查和开发关键的农业病害模型，这些模型被用来制作病害警报器，并在此基础上对病害进行分析。

■ 为农业生产定制咨询服务时，利用数字化和质检对历史数据进行深入分析和建模是至关重要的。

■ 国家推广机构的顾问也接受了农业气象学、虫害和动物疾病控制（蓝舌病和块状皮肤病）以及提高畜牧业部门对极端高温事件适应能力的措施方面的培训。

■ 通过采用自下而上和用户驱动的方法，在早期阶段确定农民的需求，从而提供有针对性的气候服务。

■ 农业气象服务应该是有针对性的，以满足不同农业生产类型、生态气候区等因素形成的一系列情况，满足农民的需求和偏好。

工作展望与投资机会

■ 从为农民提供咨询服务的过程中发现，由于大多数农村农民不使用互联网，应通过网络应用、短信或电视提供信息。

■ 需要投资以将工作扩展到控制病虫害领域，并针对具体作物制定咨询意见。

■ 需要投资来维持接受服务的农民、生产者和推广者之间的反馈机制，并验证建模结果。

■ 应加强与国际研究机构的合作，支持北马其顿机构在建模和服务生产领域的能力发展。

参考文献：

Smallholders and Family Farms in the former Yugoslav Republic of Macedonia, Country study report 2017 http：//web.worldbank.org/archive/website01354/WEB/0__CO-41.HTM NSARD of FYR Macedonia 2014-2020.

编制：Silvana Stevkova（HMS）、Goran Basovski（HMS）和 Ana Heureux（FAO）。

©Unsplash/EJ Wolfson

案例研究

来自农民和牧民的观点：塔吉克斯坦的 "最后一公里" 需求和对农业气象信息的吸收

 国家：
塔吉克斯坦

 时间：
2020年

 机构：
粮农组织

背景

在塔吉克斯坦，向农民提供气候服务的主要挑战之一是缺乏机构协调。稀缺的观测网络和缺乏对现有基础设施的维护也限制了数据的收集，限制了气候服务的生产。官方在让民众更好地了解天气和预报信息的使用方式以及使用这些信息所带来的好处方面投入很少。本案例研究探讨了塔吉克斯坦农业社区的使用水平以及接收气候和农业咨询的首选渠道。通过计算机辅助的电话采访方法，在塔吉克斯坦的四个地区对302名农民进行了调查：戈尔诺-巴达赫尚自治区、索格德、哈特隆及共和国下属各区。在当地一家有农民调查经验的咨询公司的支持下，于2020年11月开展了信息收集工作。

打通 "最后一公里" 的主要挑战

■ 通信渠道对于向农业用户提供农业气象信息和增加受益者的数量至关重要。

■ 必须加强整个气候服务价值链中信息生产者和农业用户之间的联系。信息提供者除了评估用户对获取信息的偏好外，还需要确保这些信息的反馈得到有效利用。气候信息生产者需要让用户社区参与进来，提高机构和技术能力。

现有的沟通渠道："最后一公里"用户的需求和偏好

在塔吉克斯坦，国家水文局通过电视和社会媒体（分别占60%～70%）向 "最后一公里" 用户提供天气信息和天气警报（图6-2）。尽管信息传播的渠道与 "最后一公里" 用户的偏好一致，国家气象局还可以利用其他通信手段，进一步提高农业用户对气候信息的接受程度。例如，越来越多的农民愿意通过广播或定期短信，包括非结构化的补充服务数据（USSD, Unstructured Supplementary Service Data）短信来接收信息。前面提到的方法还没有被完全开发出来，然而由于生活在偏远地区的互联网覆盖程度有限，通过这种方式用来向该区的农民传递信息具有一定的开发潜力。

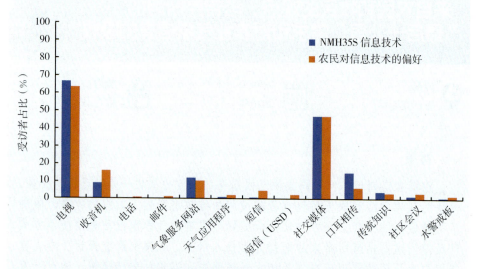

图6-2　NMHS传递农业信息的通信手段与农民期望的手段

针对作物系统的农业气象建议

一旦确定了理想的传播渠道，下一步就是要确定在地方提供农业气象服务的质量和实用性。为了满足利益相关者的需求，评估用户对农业气象信息的吸收程度和类型，同时加强相关服务，建立用户反馈机制是非常必要的。调查显示，如图6-3所示，塔吉克斯坦农业活动规划和管理所需的最相关气候服务是降水预报（64%）、温度预报（43%）和病虫害预报（40%）。

农民希望在需要的时候及时收到这些信息，但通常每日和每十日频率的数据更被广泛接纳。农民对与特定灾害有关服务的需求越来越大，包括冰雹预报（26%）和风力预报（20.5%）。此外，大量的农民需要有关最佳播种日期（31%）和土壤水分（21%）的信息，以便更好地预测作物的水分需求。

为牲畜系统量身定制的农业气象咨询

在畜牧业方面，已确定了6个不同的农业气候服务（图6-4）。牧民最需要的咨询是饲料供应情况（64%）和潜在疾病发生区（46%），其次是水资源供应（38.5%）和跨牧业走廊（31%），为了避免牧民和农民之间发生冲突，在确定最适宜的放牧地时不影响牛群的流动性，同时避免牛群进入耕地，这些信息至关重要。事实上，塔吉克斯坦牧民（18%）越来越需要关于潜在冲突地区的咨询。大多数这些信息获取频率越短越好，但像潜在疾病发生地区等信息则需以十年为期的数据。此外，面对全国各地不断增加的高温和干旱压力，重要的牲畜迁徙路线以及地下水资源（如井、池塘、湖泊、溪流）的地理空间信息也备受关注。

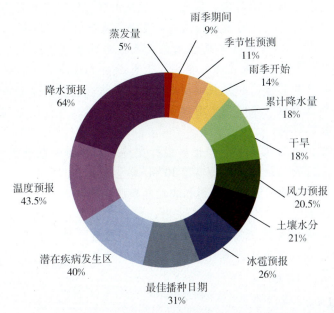

图6-3　农民的农业气象咨询偏好，以更好地适应水文气象灾害和相关灾害

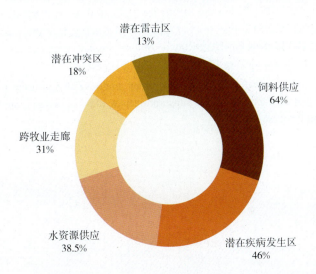

图6-4　牧民的农业气象咨询偏好，以更好地适应水文气象灾害和相关灾害

工作展望与投资机会

- 争取为畜牧部门提供更有意义的咨询意见。国家气象局提供了关于潜在热应激区和极端事件以及水资源可用性的信息，然而，只有水资源可用性咨询满足了牧民的需求。因此，应优先加强国家卫生和社会福利部与农业部之间的协调，为满足牧民的需要提供有针对性的服务。

- 加强非政府组织对塔吉克斯坦农业气象报告的支持。这种非政府支助（例如天气资料、农业投入、培训）大部分由非政府组织和私营公司提供。需要在私营部门和公共部门之间建立促进合作而不是竞争的伙伴关系，以加强农业气象服务，增加可用服务的数量，并为所有利益相关方创造营收的机会。

- 在全球减少灾害风险基金和世界银行支持下实施的中亚水文气象项目，使该地区的天气预报精度提高了30%，塔吉克斯坦现在可以利用这一成果，最大限度地扩大受益人群和农业气象服务的种类。

- 在中亚国家使用气候智能型技术时，没有优先考虑牧民。公共和私营部门需要通过定期传播更广泛的农业气象服务，继续加强农业生产者的抵御能力。中亚国家较干燥地区采用气候智能型技术的可能性高于潮湿地区。

参考文献：

Mirzabaev A. 2018. Improving the Resilience of Central Asian Agriculture to Weather Variability and Climate Change. In：**L. Lipper**, **N. McCarthy**, **D. Zilberman**, **S. Asfaw S.**, **Branca G**.（eds）Climate Smart Agriculture. *Natural Resource Management and Policy*, 52. Springer, Cham. https://doi.org/10.1007/978-3-319-61194-5_20.

World Bank. 2021. Central Asia hydrometeorology modernization project. In：*World Bank* [online]. [Cited 11 February 2021]. https://projects.worldbank.org/en/projects-operations/project-detail/P120788.

© 粮农组织 Colombia

7 | 拉丁美洲和加勒比

拉丁美洲和加勒比地区是世界第二大灾害易发区。洪水是最常见的灾害，其次是风暴和干旱（联合国人道主义协调办公室，2020；粮农组织，2016a）。

在南美洲，洪水和泥石流占气候相关灾害的73%（世界气象组织，2020）。加勒比地区大多是小岛屿发展中国家，是气候灾害（如台风、洪水和干旱）风险最高的地区之一（粮农组织，2016b）。当地农业灌溉主要靠雨水，特别是在厄尔尼诺和拉尼娜现象年期间，这些小岛屿发展中国家更容易受到多变和不可预测的天气的影响。2020年，拉尼娜现象使南美洲地区降水量下降，导致农业生产水平的显著下降（世界气象组织，2021）。在自然灾害应对方面，该区域主要偏重灾害响应和洪水、台风预防，且应对干旱影响的能力较低，而干旱影响却变得越来越严重，同时不平等和社会排斥仍然是减少灾害风险的主要挑战。

7.1 数据收集和监测

拉丁美洲和加勒比地区的国家日益达成将气候信息纳入决策已迫在眉睫的共识，这需要通过改善供应商和用户之间在气候产品和服务的范围、时间、质量、内容和交付方面的协调来实现（Miralles- Wilhelm 和 Muñoz Castillo，

2014）。用于气候和农业气候分析的遥感数据正在增加。然而，气候服务供给主要是通过国家相关机构收集的地面数据完成的，其中NMHS起着主要作用。该地区的许多国家特别是经济欠发达国家很难获取高质量观测资料，也因此不能提供准确的气候服务（Miralles-Wilhelm 和 Muñoz Castillo，2014）。

在拉丁美洲和加勒比地区，21个国家中有16个已将预警系统作为其对《联合国气候变化框架公约》国家自主贡献计划的优先事项（联合国气候变化框架公约，2015）。加勒比国家有农业灾害风险管理计划但并不普遍。尽管这些国家的农业生产高度依赖降雨，干旱对这些国家有重大影响，但现有计划优先考虑飓风和洪水，很少关注干旱信息（粮农组织，2016b）。虽然已经有足够的气象数据，但该地区关于农业影响的信息仍然严重不足，许多小岛屿发展中国家的气候服务能力数据仍然不足（Vogel 等，2017）。加勒比地区组织往往将重点放在了更偏向技术方面的气象学上，对农业部门定制气候服务所需的用户参与和能力建设方面的关注较少，影响了气候服务的发展（Mahon 等，2019）。

世界气象组织认定的区域气候中心包括：加勒比气象组织、加勒比气象和水文研究所、南美洲西部的厄尔尼诺国际研究中心以及南美洲南部和北部的区域气候中心网。厄尔尼诺国际研究中心通过为用户和决策者设计气候服务，巩固了其在中南美洲的影响力，已成为加勒比地区和小岛屿发展中国家部分社会经济部门气候服务和产品的主要提供者。自2017年以来，厄尔尼诺国际研究中心作为世界气象组织加勒比地区的区域气候中心，为全球气候研究做出了贡献。8个加勒比气象组织成员国（安提瓜和巴布达、巴巴多斯、伯利兹、开曼群岛、圭亚那、牙买加、圣卢西亚、特立尼达和多巴哥）设有天气预报和预警办公室，其中许多办公室还负责其他成员国（加勒比气象组织，2020）。加勒比气象和水文研究所与国家和区域利益相关方在开发、提供农业和粮食安全关键产品及气候服务方面保持紧密联系，并在气候变化方面制定了强有力的研究和发展计划来提供：①干旱和降水监测和预测；②气候数据产品和服务；③农业气象产品和服务；④应用气象学和气候培训服务（加勒比气象和水文研究所，2020）。

7.2 共同生产定制服务

很少有研究评估国家气象和水文服务部门在小岛屿发展中国家提供气候

服务的能力，尽管加勒比地区是世界上最容易发生灾害的地区之一，但该区域尚未开展相关研究。加勒比地区的国家气象和水文服务部门在实施气候服务方面的资源、知识和专长有限，以用户驱动的气候服务的生产和提供需要新的协调机制和基础设施，这为国家气象服务部门带来了新的挑战。加勒比气象组织在指导成员开展全球气候研究方面发挥了重要作用，并在加勒比地区协调了与气候变化和减少灾害风险有关的气候项目。这些项目优先领域是改善气候信息的交流和应用，其中一个成果是由加勒比气象和水文研究所提出的加勒比农业气象倡议。气候韧性试点计划、气候风险和早期预警系统倡议以及气象、水文和气候灾害计划的多重灾害预警系统也改善了该地区的气候服务和气候韧性。

在拉丁美洲专门实施了秘鲁安第斯山脉的CLIMANDES等项目，通过全球气候服务框架促进以用户为中心的气候服务。CLIMANDES由世界气象组织牵头，秘鲁NMHS、国家气象和水文局以及瑞士联邦气象学和气候学办公室重点开发用户界面平台共同开发并为特定用户及群体定制气候服务（Rosas等，2016），该项目通过案例研究评估定制了提升库斯科安第斯农村地区的小规模咖啡和玉米种植者的社会经济效益的预警系统。

这项工作在两个农村社区开展农民参与式气候开发服务，同时举办气候田间学校研讨会建立定期信息交换机制，提高农民对信息产品的认识。

对该项目的外部评估发现，共同开发的气候服务显著增加了民众对国家农业气象局的信任，并提高了农业决策中科学信息的使用。此外在拉丁美洲，地方农业气候技术委员会使农民参与关于气候变化和作物减损的公开对话，特别是通过改进农艺措施的方式 [**案例研究：拉丁美洲的地方农业气候技术委员会（LTACs）**]。在联合制定农业气候公报方面，地方农业气候技术委员会意识到公共和私营机构、学术和研究机构以及其他机构在提供气候服务方面的独特作用和责任（Giraldo和Sarruf Romero，2020）。

©世界银行/Maria Fleischmann

7.3 向"最后一公里"提供服务的通信

拉丁美洲

信通技术在整个拉丁美洲使用范围迅速扩大。然而，在为服务落后地区的农村、计算机水平低和受教育水平的有限的地区提供服务方面仍然存在挑战（Trendov等，2019）。2018年，拉丁美洲的移动电话用户达到67%，智能手机使用率达到65%（Trendove等，2019）。各国内部也存在着巨大的城乡数字鸿沟，即使在巴西和阿根廷等经济较为发达的国家也是如此，尽管这些国家的天气和气候监测能力有所增强，但广大农村地区的通信技术普及率仍然很低。农村家庭的互联网接入有限，大多数国家的互联网普及率低于5%，在玻利维亚、哥伦比亚、萨尔瓦多、尼加拉瓜和秘鲁几乎没有互联网接入（Trendov等，2019）。

气候论坛是用来加强气候服务展望的框架之一。在拉丁美洲，有三个气候论坛是定期或准定期举行的，包括东南美洲气候展望论坛、南美西海岸气候展望论坛和中美洲气候论坛。南美洲南部的区域气候中心网络提供包括气候监测、长期预测和气候数据应用在内的区域气候产品和服务，以支持国家气象水文服务部门。

哥伦比亚的农业气候项目旨在通过探索在地方一级生成和共享信息的好处，以及确定农业气象信息服务的有用性和可用性来积累农业气候预测方面的知识并加强能力。该项目还衡量这些服务对农民生计的影响，并在季节性天气预报的基础上纳入有针对性的作物生产信息。这些服务是针对需要特定农业气象信息（如高分辨率的降水、温度和湿度预测）的玉米和豆类种植者的需求而定制的。无线电广播和短信是农民接收这种信息最有效的通信手段（CCAFS，2016；Blundo Canto等，2016）。

加勒比地区

信息很难有效获取是该地区提供定制服务过程中最困难的步骤之一。一个主要障碍是缺乏适当的沟通渠道（Guido等，2018；Loboguerrero等，2018）。加勒比地区农民以老年人居多，他们受教育程度低，没有激励机制改变他们目前的做法。然而，向农民提供有效信息（例如气候信息对农业的影响）增加了他们对农民论坛的参与度。虽然人们普遍认为短信和手机提醒是分享信息的常用

手段，但实践表明农民或农技人员并不认为短信是常用手段。在农民论坛和访谈时发现最受欢迎的信息分享渠道是非正式网络、一对一的宣传和广播节目。

另一个主要限制性因素是缺乏支持开发适合加勒比地区农业可操作实践的数据信息。在牙买加，气象局目前通过其网页发布关于天气信息及季度预报。但是特定点位信息、气候风险的量化以及气候影响和农业损失之间的关联性在很大程度上是无法体现的。该国约80%的咖啡是在蓝山种植且非常容易受到作物疾病（如咖啡叶锈病）的影响。农场层面决策是基于作物管理日历，很少有农民会定期查阅天气信息。春雨季的季节性天气预报对于降低咖啡叶锈病风险非常重要，可以提前告知农民施用杀菌剂的最佳时间，但这种农业气象产品还没有完成开发。

7.4 "最后一公里"服务的参与

发展以用户为中心服务的一个主要挑战是农民和国家机构之间缺乏反馈机制，以及两者之间缺乏信任。可以通过在农民论坛上反馈、在广播节目中保留问题记录；建立自动网络调查；农业推广人员积极开展问卷调查以及公布可以供用户反馈的网站、电子邮件地址或电话号码。在加勒比海地区为期三年的加勒比农业气象倡议干预期间，推广人员直接与圭亚那和牙买加农民合作描述季节性降水的前景以及它对农民的特殊意义。该地区农业受干湿季节变化影响严重，与这些季节相关的天气预报是最有用的。

在拉丁美洲，地方农业气候技术委员会提供农业气象信息最广泛的参与性方法，强调知识密集型实践及农民协会、国家机构和大学等不同利益相关方之间的互动。这也是粮农组织正在推动实施的《拉丁美洲和加勒比农业部门灾害风险管理和粮食及营养安全区域战略（2018—2030年）》的优先问题。为了缩小生产和提供气候信息之间的差距，国际农业研究磋商小组与国家机构一起推动构建农民团体和专家联系机制 [**案例研究：拉丁美洲的地方农业技术气候委员会（LTACs）**]。

7.5 投资需求

加勒比地区的小岛屿国家在该地区受气候变化影响大。然而，这些国家以及其他拉丁美洲国家仅有8.3亿美元用于适应和减轻气候变化对农业、林业、土地利用和渔业的影响（Chiriac和Naran，2020）。为了加强打通"最后一公里"的投资，在本报告中建议采取以下行动：

1）克服在加勒比地区及其他地区获取信息和通信技术及其他通信渠道方面的差距。

2）开展社区意识提升和推广活动，将气候服务用于农场层面的决策。

3）对已成功的参与式方法（例如LTACs）进行投资以加强气候服务生产者和使用者之间的信任。

4）对农民组织、国家合作伙伴和私营部门之间的战略联盟进行投资，使气候服务更好地适应特定的粮食价值链。

5）开展示范投资，增强气候信息行动意识。

©Pixabay-Heribert-Bieser

7.6 区域结论

下文提供的挑战和投资建议是基于对文献的广泛搜索，其中包括研究论文、技术报告、联合国官方报告和 WMO 作为气候服务全球框架适应性计划项目组成部分之一举办的区域研讨会。这些行动和提出的建议旨在改进气候服务的效率和可获得性，是考虑到弥合"最后一公里"差距的关键需求以及有关区域的社会经济背景而制定。

气候服务框架步骤	主要挑战和障碍	行动优先领域
数据收集、监测和预测	■ 缺乏使用欧洲中程天气预报中心的准确预报和降水指数 ■ 高质量观测的可用性有限，尤其是最不发达国家地区 ■ 自动气象站维护不足 ■ 对农业变量缺乏标准化监测	■ 提高数字天气预报模型性能 ■ 投资建设农业气象观测网 ■ 投资新的气候服务，增加对政策制定者和农技人员信息的提供，提高农民适应能力 ■ 建设开放数据采集、协调和共享平台
任务小组和数据共享	■ 国家气象局和农业部协调不够 ■ 利益相关方参加多学科工作组（如地方农业气候技术委员会）融资机制不足	■ 通过改善供应商和用户之间在气候产品和服务范围、时间、质量、内容和成果交付的协调，将气候信息纳入决策 ■ 推动实施气候服务区域的行动计划 ■ 为 NMHS 技术人员提供培训 ■ 支持建设有效的气候服务所需的机构、基础设施和人力资源 ■ 基于农业气候技术平台的讨论和分析，进一步推广和分享成果 ■ 确保互补技术工作组之间信息交流通畅，如预报、气候服务和预期行动等工作组
开发有针对性的农业气象咨询	■ 缺乏资金支持通过国家协调的方式制作和传播相关信息 ■ 在识别和解决广泛用户需求以及共同设计和定制区域气候服务方面存在困难	■ 促进在区域和国家层面开展气候服务所需的机构安排、伙伴关系和进程的战略指导 ■ 认识到公共和私营部门、学术机构、研究机构和技术单位在提供气候服务方面的不同角色和责任

气候服务框架步骤	主要挑战和障碍	行动优先领域
向"最后一公里"提供服务的通信	■ 缺乏资金和基础设施进行数据处理和传播 ■ 目标用户对信息通信技术、气候和预报信息获得量低 ■ 翻译挑战（语言简洁和清晰）以及信息定制障碍 ■ 加勒比地区国家内部缺乏沟通渠道	■ 通过加勒比农业气象倡议等方式改善气候信息交流和应用 ■ 构建信息图表布局，以更友好及有效的方式传递结果 ■ 逐渐脱离纸质方式，推进数据公开使用 ■ 加强虚拟农业气象平台建设
"最后一公里"的参与	■ 加勒比地区农民对信息吸收程度低 ■ 农民和农技推广人员间缺乏沟通机制	■ 推广农民参与式方法（例如LTACs和气候田间学校） ■ 建立信息反馈机制，提高农民对使用气候信息好处的认识 ■ 推动农业社区使用天气和气候信息 ■ 促进利用数字创新式的农民咨询服务，挖掘移动应用参与双向对话潜力
气候知情行动	■ 很多信息没有公开，数字化信息无法获取 ■ 在气候信息及用于将这些信息与气候变化可能在地方上产生影响相联系的机制方面的宣传和培训力度不足 ■ 缺乏关于农业影响的必要数据以及支持制定适合加勒比地区农业发展的信息	■ 制定用户农业气象服务需求评估 ■ 设计以用户为中心的流程，避免开发不连贯、不可用、冗余或不能满足现有信息需求的产品

调查结果：沟通渠道

本节介绍了针对以下问题的调查成果：

当前，天气信息和天气警报是如何传递到"最后一公里"的？原始调查模板见附件一。

图7-1   拉丁美洲和加勒比地区用于向"最后一公里"
传递天气信息和天气警报的手段

注：这里所载的结果不代表所有现有的传播方式，农业推广人员、海报、公众会议、面对面等信息传播手段未列入其中。

调查结果：农业气象咨询

本节介绍了针对以下问题的调查结果：NMHS 向"最后一公里"提供了哪些信息？原始调查模板见附件一。

表 7-1　拉丁美洲和加勒比地区的农业气象咨询调查结果

	智利	哥伦比亚	秘鲁	巴拉圭	尼加拉瓜	伯利兹	伯利兹	特立尼达和多巴哥	开曼群岛	巴巴多斯
最佳播种期		✓	✓		✓	✓				
雨季开始				✓	✓	✓		✓		
雨季期间		✓				✓		✓		
干旱		✓	✓			✓	✓			
假雨季开始		✓								
累计降水量	✓	✓	✓	✓		✓			✓	
蒸发量	✓		✓	✓		✓				
累计生长度日	✓									
土壤水分		✓			✓	✓				
季节性预测	✓	✓	✓			✓	✓✓	✓✓	✓	✓✓
降水预报	✓				✓		✓	✓	✓	✓
温度预报	✓				✓		✓	✓		✓
病虫害预报							✓	✓		
冰雹预报		✓		✓			✓			
风力预报	✓						✓✓			✓✓
水资源供应		✓	✓			✓	✓			
潜在热应力		✓					✓	✓		
潜在疾病发生区		✓					✓			
潜在雷击区	✓						✓			
潜在极端天气	✓				✓		✓	✓		
海浪预报					✓		✓			✓
风暴浪潮					✓		✓	✓	✓	✓
能见度预报					✓					
海面温度							✓			
野外火灾易发区			✓		✓		✓	✓		

 作物 ✓　　 畜牧 ✓　　 渔业 ✓　　 林业 ✓

©Pexels/Magda Ehlers

案例研究

拉丁美洲的地方农业技术气候委员会（LTACs）

 国家：
哥伦比亚、危地马拉、智利、洪都拉斯、墨西哥、巴拿马、巴拉圭、尼加拉瓜、厄瓜多尔和萨尔瓦多

 时间：
2013年至今

 机构：
约有300个机构参与，包括NMHS和农业部门；生产者协会（例如FEDEARROZ、Anacafe）；学术和研究机构（例如国际气候与社会研究所、生物多样性国际联盟和国际热带农业研究中心、CGIAR气候变化、农业和粮食安全研究项目）；国际机构（例如粮农组织、世界粮食计划署、国际农业发展基金组织、美国国际开发署和民间社会）

背景

地方农业技术气候委员会（西班牙语缩写为MTA，以下简称LTACs）最初于2013—2015年在哥伦比亚成立，随后发展为CGIAR气候变化、农业和粮食安全研究项目的一部分，旨在改善本地农业气象信息的管理，并探索适应气候变化的最佳实践方法。LTACs是本地利益相关者交流学习的平台，其主旨是探索降低气候变化相关风险的最佳实践方法。NMHS以及国内外技术机构提供不同气象概率的信息，再结合当地农民和专家的知识，制定最佳的农作物管理方案。

打通"最后一公里"的主要挑战

- 通过领导组织协调与促进，确定融资机制，并动员利益相关者参与到LTACs中。开发特有的环境工具和健全的农业气象咨询尚需充足的人力和财力资源的支持。
- 农业气象咨询相关的技术方面有待加强，例如通过整合气象预测和作物发育信息，提供农业管理的最佳建议。
- 尽管收集到了得益于LTACs农场层面建议的积极反馈，但评估农场变化的数据依然非常有限。

©IRI/Elisabeth Gawthrop

使用气象信息咨询的益处

- 农业气候、气象信息的公信力增加，在农业决策过程中能够更有效地发挥作用。
- 研究表明，从LTACs中获取信息的农户中，约40%的人有效地改变了他们的农业方式，这种变化帮助减少了作物损失，提高了作物生产力和收入水平。
- 农业气象知识得到更广泛的普及，使得现有信息更易于理解，并与"最后一公里"联系起来。
- LTACs对国家和机构政策的改变产生了显著影响，并促进机构间联盟应对气候风险。

经验教训

- 当地组织和各种农民社区的积极参与对农民和技术人员（包括妇女和青年）了解气候知识至关重要。通过整合专家、农民和其他利益相关者的知识，有助于弥合气候信息工作者和农民之间的差距。
- 农民可以根据气候信息做出农业和生产决策。
- 技术人员和农村顾问通过整理分析气候变化和作物生产方面的知识，提高了农业咨询服务的能力，从而更好地监测农户农业活动的变化。

工作展望与投资机会

为了扩大区域性气候服务的规模，必须采取全面的战略，其中包括以下关键行动：

- 提高气候预测能力，这种能力可以通过扩大参与的方法实现，如农业参与式综合气候服务方法。CGIAR气候变化、农业和粮食安全研究项目使用此方法成功地加强了4个国家的20多个组织的能力，并为扩展工作建立了新的合作安排。
- 通过加强研究，深入了解农业气象服务的供需，基于农户需求定制信息。为明确气候风险管理的能力建设目标，能力模型应考虑到农民所需的知识和技能。目前，CCAFS、生物多样性国际联盟和国际热带农业研究中心以及天主教救济服务组织的科学家们正致力于研究此方法论。
- 与农民组织、公共或私营部门建立战略联盟，向用户提供更好、更精准的气候服务。LTACs方法激励金融和保险部门利益相关方参与活动，优化农业气象信息。私营部门的参与为进一步扩大和推广农业气象信息提供了重要机会。重视农业气象信息的金融工具和保险机制的设计与实施，将有效增强农民应对气候变化的适应能力。

©2016CIAT/Nei iPalmer

参考文献：

Dorward, P., Clarkson, G. & Stern R. 2015. *Participatory Integrated Climate Services for Agriculture (PICSA): Field Manual.* Walker Institute, University of Reading (available at: https://hdl.handle.net/10568/68687)

Hiles X, Navarro-Racines C, Giraldo DC. 2020. *MTA: Transforming Farmers' Lives In Latin America.* CGIAR Research Program on Climate Change, Agriculture and Food Security (CCAFS) (available at: https://hdl.handle. net/10568/108948)

Loboguerrero, A., Boshell, F., León, G., Martinez-Baron, D., Giraldo, D., Recaman Mejía, L., Díaz, E. & Cock, J. 2018. Bridging the gap between climate science and farmers in Colombia. *Climate Risk Management*, 22: 67-81. https://doi.org/10.1016/j.crm.2018.08.00

8 | 总　结

　　如今，气候变化及其影响是全球的焦点话题。而气候变化所带来的影响会因个人、所在社区及周边生态系统的特点有所不同。贫困农户、小农户及小规模生产者尤其容易受到气候变化和环境退化的不利影响，进而直接影响到他们的生计。气候变化给不同地区不同国家带来的影响各异，各国在提供气候服务所面对的挑战也不同

　　根据调查结果，本报告认为：在非洲地区，提供气候服务的主要障碍因素是缺少高质量的相关基础数据，同时获取信息的途径有限；在亚洲和拉丁美洲地区，主要的挑战仍然是如何将气候信息纳入农业实践，并确保信息的实时更新，从而改善气候服务；在中亚、近东和北非地区则在数据分享，对特定服务的共同设计、开发和生产，以及对用户传达信息方面存在挑战；在欧洲地区，数据的获取效率较高，然而也有许多农户反映这些信息使用起来较为繁琐，且不能对农场一级的决策提供支撑。为生活在偏远地区的贫困人群更好地提供气候服务和农业资讯将是全球各地区所面临的挑战。技术的发展在引领塑造相关领域的发展中起到了至关重要的作用，同时也有助于气候复原。然而在许多地区，数字农业转型的进展较为缓慢。为了更有效地向"最后一公里"的用户提供气候服务和农业资讯，相关投资需因地制宜地考虑环境、文化和社会经济因素。

　　为了克服"最后一公里"的障碍，需要一个实时的、持续的，且由目标用户的需求和偏好驱动的系统。该系统将服务于满足并回应目标用户的需求。下文除了在每个区域发展前景分析结束时按区域确定的投资需求外，还综合了

文献、案例研究和在全球范围内收集的数据，提出了各区域普遍存在的关键差距和挑战，后面将概述这些差距和挑战。这项全球评估指出，在针对特定农业实践调整气候服务的投资方面存在巨大差距，且在该过程的每个阶段都缺乏农业社区的参与。在根据用户需求和可用通信手段，选择和开发合适的通信渠道方面的投资也不足。最后，必要数据的可用性和可访问性仍然是一个全球性的挑战，需要许多参与者投资并解决。

为克服"最后一公里"的障碍而进行的投资所带来的收益对于确保资金继续分配到气候服务框架上游尤为重要。对监测网络、能力开发和服务生产的投资不应孤立独行，投资应支持整个气候服务框架。本报告前面已经阐述了资助实体、国际机构和项目开发商的关键投资领域。而国家投资路线图将根据地方数据及充分协商形成，其中涉及的重要步骤将概述如下。从总体角度来说，必须以协调和全面的方式在整个气候服务框架中有效分配投资。在框架的每个阶段缺乏投资将破坏弥合"最后一公里"差距的努力，并导致提供中长期气候服务的努力效率低下且缺乏可持续性。

打通"最后一公里"所面临的挑战以及对项目开发方和投资方的建议

挑战

缺乏有效的制度安排或机构能力

适用所有区域的优先行动领域

- 加强制度安排。在国家气象局、农业部门、畜牧部门和环境部门以及其他利益相关者（如研究机构、私营机构和非政府组织）之间制定正式的协议。
- 制定国家级规划，确定优先事项和需求，以便有效开发和应用气候服务。这些规划应为整个价值链上的投资提供信息；明确观测网络和能力发展方面的需求；明确监测和评估指标，并对进展情况开展定期评估。
- 编制参与开发并提供气候服务中每个机构的作用和责任示意图。
- 支持并资助用户和不同的利益相关者参与气候服务的开发。
- 确保气候投资系统地、可持续地得到加强，并提供一个总体框架和跟踪机制。

> **挑战**

数据供应不足或监测能力不足

> **适用所有区域的优先行动领域**

- 准备好对观测网络、监测能力、质量数据库和预测系统进行技术评估，确认数据监测方面的差距。
- 确保设备采购与国家机构的投资计划相一致。
- 支持农业变量（如土壤温度、pH、盐度和湿度、叶片湿润度、蒸发量、叶绿素含量）和农业综合企业数据（如肥料、机械、种子和饲料的可用性和价格）以及市场信息的数据收集，开发可操作的产品。
- 对开放平台进行投资，将气候和农业部门数据发展成公共产品，消除使用障碍。

> **挑战**

气候信息和实用性之间存在差距

> **适用所有区域的优先行动领域**

- 提供激励措施，建立包括所有相关的国家推广技术服务和从事服务生产的组织的多学科任务小组。
- 建立永久性的用户界面平台，促进使用者、提供者、研究人员和其他学科进行系统地互动。
- 根据每个农业系统（作物、渔业、畜牧业和林业）的预期潜在风险，制定早期预警系统。
- 加强特定领域专家的参与（如农学家、植物病理学家、兽医、林务员、社会科学家），有效地将气候产品定制为针对不同领域的信息。
- 加强由基于用户需求驱动的气候信息产品（例如将气候数据用于植物疾病建模，提供关于潜在疾病暴发的早期建议）。
- 考虑容易被农业社区理解和开展行动的定制产品，如语言、数字、动画、漫画和其他媒体等方式。

- 开展提前时间更长的预测和早期预警，确保用户有足够的时间在灾害发生前采取行动。
- 按专业水平定制信息（如顾问、学者、政策制定者、"最后一公里"用户）。

挑战

国家层面的信息没有及时准确传达到用户

适用所有区域的优先行动领域

- 提供信息和服务的有效通信渠道的整理（例如电视、广播、短信、警报器、沿岸性警告、社交媒体）。
- 通过开展调查，了解目标社区目前如何接受信息，以及他们希望如何获取信息。
- 与那些在为农村社区提供电话网络、广播和其他通信渠道的国家私营部门公司建立合作关系。
- 在外展活动中投入资金，以确保女性和男性、青年和弱势群体能够公平地获得信息。

挑战

用户没能有效地了解服务内容

适用所有区域的优先行动领域

- 促进以用户为中心的反馈机制，包括：①以用户为中心的研讨会，强调气候信息行动的好处；②农民和其他利益相关者之间的线上学习和知识交流；③过程中允许"最后一公里"用户共同设计和制作服务，并提供反馈（例如呼叫服务）。
- 使用参与式方法（如参与式农业综合气候服务法、农民田间学校）来提高气候服务的实操性，并确保农民能够对其有效性提供反馈。

挑战

有效的服务受到地缘性限制，或只提供给某些特定群体

适用所有区域的优先行动领域

- 通过增加外展、私营部门和农民的参与，在增加气候服务接受和使用者数量方面投入资金。
- 推动与提供服务相关成本的缩减，提升网络覆盖。
- 加强与移动运营商的合作，增加农村地区对信息通信技术的使用。
- 开发配套产品，将天气预报和农业信息整合起来。
- 充分利用现有的数字技术，并确保妇女和青年能够拥有与他人平等的使用权。

REFERENCES 参考文献

ACMAD (African Center for Meteorological Applications for Development). 2020. *ACMAD* [online]. [Cited 25 January 2021]. http://acmad.net/new/

ACSAD (Arab Center for the Studies of Arid Zones and Dry Lands). 2020. *ACSAD* [online]. [Cited 19 August 2020]. https://acsad.org/

Aliyu, H. K., Olawepo, R. A. & Muhammad, S. 2019. Climate change information for farmers in Nigeria: what challenges do women face? *Earth and Environmental Science*, 399 (1): p. 012001.

Alvar-Beltrán, J., Dao, A., Dalla Marta, A., Heureux, A., Sanou, J. & Orlandini, S. 2020. Farmers' Perceptions of Climate Change and Agricultural Adaptation in Burkina Faso. *Atmosphere*, 11(8): 827.

Anderson, J. & Feder, G. 2003. *Rural Extension Services*. Policy research working paper. 10.1596/1813-9450-2976.

ASMC (ASEAN Specialised Meteorological Centre). 2020. About ASMC. In: *ASMC* [online]. [Cited 04 February 2021]. http://asmc.asean.org/asmc-about/

Bacci, M., Ousman Baoua, Y. & Tarchiani, V. 2020. Agromet forecast for smallholder farmers: a powerful tool for weather-informed crops management in the Sahel. *Sustainability,* 12(8): 3246.

Balaghi, R. 2012. *Climate change impacts and adaptation in mountain regions in the MENA region*. Presentation at the Strategic Initiative on Climate Change Impacts, Adaptation, and Development in Mountain Regions. MENA Regional Meeting, Marrakech (Morocco), 16-18 December 2012.

Balaghi, R., Jlibene, M., Tychon, B. & Eerens, H. 2013. *Agrometeorological cereal yield forecasting in Morocco*. Institut National de la Recherche Agronomique du Maroc (INRA).

Banerjee, A., Bhavnani, R., Burtonboy, C. H., Hamad, O., Linares-Rivas Barandiaran, A., Safaie, S. & Zanon, A. 2014. *Natural disasters in the middle East and North Africa: a regional overview*. Global Facility for Disaster Reduction and Recovery (GFDRR). Washington, DC, World Bank.

Basco, D. 2020. *Farm weather services*. International Society for Agricultural Meteorology (INSAM).

Blundo Canto, G., Giraldo, D., Gartner. C., Alvarez-Toro, P. & Perez. L. 2016. *Mapeo de Actores y Necesidades de Información Agroclimática en los Cultivos de Maíz y Frijol en sitios piloto -Colombia*. Documento de Trabajo CCAFS, No. 88. Cali, Colombia, CCAFS.

C3S. 2021. Climate Change. In: *Copernicus* [online]. [Cited 10 May 2021] https://climate.copernicus.eu

CCAFS. 2016. Tailored Agro-Climate Services and Food Security Information for Better Decision Making in Latin America. In: *CCAFS Projects* [online]. [Cited 25 January 2021] https://ccafs.cgiar.org/research/projects/tailored-agro-climate-services-and-food-security-information-better-decision-making-latin-america

CCAFS. 2019. Climate Services for Resilient Development (CSRD) in South Asia. In: *CCAFS: Projects* [online]. [Cited 04 February 2021]. https://ccafs.cgiar.org/research/projects/climate-services-resilient-development-south-asia

Christensen, J.H., Krishna Kumar, K., Aldrian, E., An, S-I., Cavalcanti, I.F.A., de Castro, M. & Dong, W., et al. 2013. Climate Phenomena and their Relevance for Future Regional Climate Change. In Stocker, T.F., D. Qin, G.-K. Plattner, M. Tignor, S.K. Allen, J. Boschung, A. Nauels, Y. Xia, V. Bex & P.M. Midgley, eds. *Climate Change 2013: The Physical Science Basis.* Contribution of Working Group I to the Fifth Assessment Report of the Intergovernmental Panel on Climate Change, Chapter 14. Cambridge University Press, Cambridge, United Kingdom and New York, NY, USA.

CMO (Caribbean Meteorological Organization). 2020. Organization. *In*: *CMO* [online]. [Cited 25 January 2021]. http://www.cmo.org.tt/organization.html

CMIH. 2020. About the Caribbean Regional Climate Centre (RCC). *In*: *About the RCC* [online]. [Cited 25 January 2021]. https://rcc.cimh.edu.bb/about/about-the-rcc/

Chiriac, D., Naran, B. & Falconer, A. 2020. *Examining the Climate Finance Gap for Small-Scale Agriculture*. Climate Policy Initiative (CPI) and the International Fund for Agricultural Development (IFAD).

CILSS (Permanent Interstate Committee for Drought Control in the Sahel). 2020. AGHRYMET regional center. *In: CILSS Publications: Bulletins* [online]. [Cited 25 January 2021]. https://agrhymet.cilss.int/index.php/bulletins/

Coulibaly, Y.J., Kundhlande, G., Tall, A., Kaur, H. & Hansen, J. 2015. *Which climate services do farmers and pastoralists need in Malawi? Baseline Study for the GFCS Adaptation Program in Africa.* CCAFS Working Paper, No. 112. Copenhagen, Denmark, CCAFS.

CPI (Climate Policy Initiative). 2019. *Global Landscape of Climate Finance 2019 - Methodology.*

CRED (Centre for Research on the Epidemiology of Disasters). 2021. *EM-DAT: International Disaster Database* [online]. Brussels. [Cited 07 May 2021] http://www.emdat.be/database

Donat, M. G., Peterson, T. C., Brunet, M., King, A. D., Almazroui, M., Kolli, R. K. & Nada, T. A. A. 2014. Changes in extreme temperature and precipitation in the Arab region: long　term trends and variability related to ENSO and NAO. *International Journal of Climatology*, 34(3): 581-592.

Dorward, P., Clarkson, G. & Stern R. 2015. *Participatory Integrated Climate Services for Agriculture (PICSA): Field Manual.* Walker Institute, University of Reading.

Durrell, J. 2018. *Investing in resilience: addressing climate-induced displacement in the MENA region. Discussion Paper*. Beirut, Lebanon. ICARDA.

EC (European Commission). 2015. *A European research and innovation: Roadmap for climate*

services. Directorate-General for Research and Innovation. Brussels

EC. 2017. *The European Union Explained: Agriculture. A partnership between Europe and farmers*. Directorate-General for Communication. Brussels.

ESCAP (United Nations Economic and Social Commission for Asia and the Pacific). 2017. *Leave No One Behind: Disaster Resilience for Sustainable Development*. Asia-Pacific Disaster Report 2017. Bangkok.

ESCAP. 2018. *Mid-term Review of the Asian and Pacific Ministerial Declaration on Population and Development*. (APPC/2018/4). Bangkok.

ESCWA (United Nations Economic and Social Commission for Western Asia). 2013: *Strengthening national capacities to manage water scarcity and drought in West Asia and North Africa: The analysis, mapping and identification of critical gaps in pre-impact and preparedness drought management planning in water-scarce and in-transitioning settings countries in West Asia/North Africa*. (E/ESCWA/SDPD/20 13/WG.4).

ESCWA et al. 2017. Arab Climate Change Assessment Report – Main Report (E/ESCWA/SDPD/2017/RICCAR/Report). Beirut.

Fafchamps, M. & Minten, B. 2012. Impact of SMS-based agricultural information on Indian farmers. The World Bank Economic Review, 26(3): 383-414.

FAO. 2011. *Agricultural insurance in Asia and the Pacific region*. Regional Office for Asia and the Pacific (RAP) Publication 2011/12. Bangkok. (also available at www.fao.org/docrep/015/i2344e/i2344e00.pdf)

FAO. 2015. *Dimitra Clubs: A unique approach*. Rome. (also available at www.fao.org/3/a-i4706e.pdf)

FAO. 2016a. Damage and losses from climate-related disasters in agricultural sectors. Rome. (also available at www.fao.org/3/a-i6486e.pdf)

FAO. 2016b. *Drought characteristics and management in the Caribbean*. FAO Water Reports, No. 42. Rome. (also available at www.fao.org/3/a-i5695e.pdf)

FAO. 2017. *The future of food and agriculture. Trends and challenges*. Rome. (also available at www.fao.org/3/i6583e/i6583e.pdf)

FAO. 2020. *FAO in Mozambique*. In: *FAO* [online]. Rome [Cited 25 January 2021]. www.fao.org/mozambique/

FAO. 2021. *The impact of disasters and crises on agriculture and food security*. Rome. https://doi.org/10.4060/cb3673en

FAO, IFAD, UNICEF, WFP & WHO. 2020. *The State of Food Security and Nutrition in the World 2020. Transforming food systems for affordable healthy diets*. Rome, FAO. https://doi.org/10.4060/ca9692en

FAO-ITU. 2017. *E-agriculture strategy guide: A summary*. Bangkok. (also available at www.fao.org/3/i6909e/i6909e.pdf)

Ferdinand, T., E. Illick-Frank, L. Postema, J. Stephenson, et. al. 2021. *A Blueprint for Digital Climate Informed Advisory Services: Building the Resilience of 300 Million Small-*

Scale Producers by 2030. Working Paper. Washington, DC: World Resources Institute. doi. org/10.46830/wriwp.20.00103.

Fragaszy, S. R., Jedd, T., Wall, N., Knutson, C., Fraj, M. B., Bergaoui, K. Svoboda, M., Hayes, M. & McDonnell, R. 2020. Drought Monitoring in the Middle East and North Africa (MENA) Region: Participatory Engagement to Inform Early Warning Systems. *Bulletin of the American Meteorological Society*, 101(7): E1148-E1173.

Gangopadhyay, P. K., Khatri-Chhetri, A., Shirsath, P. B. & Aggarwal, P. K. 2019. Spatial targeting of ICT-based weather and agro-advisory services for climate risk management in agriculture. *Climatic change*, 154: 241-256.

Giraldo, D. & Sarruf Romero, L. 2020. Strengthening Climate Services for Agriculture in Latin America. *In: CCAFS: News* [online]. [Cited 25 January 2021] https://ccafs.cgiar.org/news/strengthening-climate-services-agriculture-latin-america

GFCS. 2017. GFCS Adaptation Programme in Africa (GFCS APA), Phase I, - Building Resilience in Disaster Risk Management, Food Security and Health. In: *GFCS: Project*s [online]. [Cited 11 May 2021]. https://gfcs.wmo.int/Norway_2

GFCS. 2020. What are Climate Services? In: *GFCS* [online] [Cited 07 May 2021] https://gfcs.wmo.int/what-are-climate-services

Guido, Z., Finan, T., Rhiney, K., Madajewicz M., Rountree, V., Johnson, E. & McCook, G. 2018. The stresses and dynamics of Smallholder Coffee Systems in Jamaica's Blue Mountains: A Case for the Potential Role of Climate Services. *Climatic change,* 147: 253-266.

Himics, M., Fellmann, T. & Barreiro Hurle, J. 2020. Setting Climate Action as the Priority for the Common Agricultural Policy: A Simulation Experiment. *Journal of Agricultural Economics*, 71(1): 50-69.

Hone, P. 1991. Charging for agricultural extension services. *Review of Marketing and Agricultural Economics, 59*(3): 297-307.

ICBA (International Center for Biosaline Agriculture). 2020. Regional Drought Management System for Middle East and North Africa (DRMS). In. *ICBA: Projects* [online]. [cited 1 February 2021]. https://www.biosaline.org/projects/regional-drought-management-system-middle-east-north-africa

ICIMOD (International Centre for Integrated Mountain Development). 2020. Climate Services. In: *ICIMOD* [Online]. [Cited 04 February 2021]. https://www.icimod.org/initiative/climate-services

ICPAC. 2021. *ICPAC* [online]. [Cited 25 January 2021]. https://www.icpac.net/

Kalanda-Joshua, M., Ngongondo, C., Chipeta, L. & Mpembeka, F. 2011. Integrating indigenous knowledge with conventional science: Enhancing localised climate and weather forecasts in Nessa, Mulanje, Malawi. *Physics and Chemistry of the Earth, Parts A/B/C*, 36(14-15): 996-1003.

Khan, U & Hanif, M. 2007. Weather and wheat development in Faisalabad region: rabi season (2006-2007). Islamabad, Pakistan, National Agromet Centre.

Kreft, S., Eckstein, D. & Melchior, I. 2019. *Global Climate Risk Index 2017. Who suffers most from extreme weather events? Weather-related loss events in 2015 and 1996 to 2015.* Bonn, Germany, Germanwatch.

Krupnik, T. J., Alam, A., Zebiak, S., Khanam, F., Hossain, M. K., Kamal, M., Miah, A.A., Shahriar, S.M., Khan. M.S.H, & Hussain, S.G. 2018. Participatory and Institutional Approaches to Agricultural Climate Services: A South and Southeast Asia Regional Technical & Learning Exchange. Dhaka, Bangladesh, The International Maize and Wheat Improvement Center (CIMMYT).

Labarthe, P., & Laurent, C. 2013. Privatization of agricultural extension services in the EU: Towards a lack of adequate knowledge for small-scale farms? *Food policy*, 38,:240-252.

Labarthe, P., Caggiano, M., Laurent, C., Faure, G, & Cerf, M. 2013. *Concepts and Theories to Describe the Functioning and Dynamics of Agricultural Advisory Services.* Brussels, European Union.

Loboguerrero, A., Boshell, F., León, G., Martinez-Baron, D., Giraldo, D., Mejía, L-R., Díaz, E & Cock, J. 2018. Bridging the gap Between Climate Science and Farmers in Colombia. *Climate Risk Management*, 22: 67-81.

Louati, M. E. H., Mellouli, H. J. & El Echi, M. L. 2005. Tunisia. In A. Iglesias & M. Moneo, eds. *Drought preparedness and mitigation in the Mediterranean: Analysis of the organizations and institutions*, pp. 155–190. (Options Méditerranéennes: Série B. Etudes et Recherches, No. 51). Zaragoza, Spain, International Center for Advanced Mediterranean Agronomic Studies (CIHEAM).

Mahon, R., Greene, C., Cox, S-A., Guido, Z., Gerlak, A., Petrie T. J-A., Trotman, A., Liverman, D., Meerbeek J. V. C. & Scott, W. 2019. Fit for purpose? Transforming National Meteorological and Hydrological Services into National Climate Service Centers. *Climate Services,* 13: 14-23.

Marsh, S. P. & Pannell, D. 2000. Agricultural extension policy in Australia: the good, the bad and the misguided. *Australian Journal of Agricultural and Resource Economics*, 44(4): 605-627.

Miralles-Wilhelm, F. & Muñoz Castillo, R. 2014. *Climate Services: a tool for adaptation to climate change in Latin America and the Caribbean – Action plan and case study applications.* Inter-American Development Bank (IDB).

MSS. 2017. *Climate Information and Services Survey Results: review on the current status of climate information and services provided by the national meteorological and hydrological services of southeast Asia* [online]. [Cited 04 February 2021]. http://asmc.asean.org/wp-content/uploads/2016/10/Climate-Services-Survey-Results-for-ASEAN-NMHSs-2016-17.pdf

OCHA (United Nations Office for the Coordination of Humanitarian Affairs). 2020. *Natural disasters in Latin America and the Caribbean 2000-2019.*

Ouedraogo, I., Diouf, N. S., Ouédraogo, M., Ndiaye, O. & Zougmoré, R. B. 2018. Closing the gap between climate information producers and users: Assessment of needs and uptake in Senegal. *Climate,* 6(1): 13.

Ouassou A., Ameziane T., Ziyad A. & Belghiti M. 2007. Application of the drought management guidelines in Morocco [Part 2. Examples of application]. In A. Iglesias, M. Moneo & A. López-Francos, eds. *Drought management guidelines technical annex,* pp. 343-372. (Options Méditerranéennes: Série B. Etudes et Recherches, No. 58) Zaragoza, Spain, International Center for Advanced Mediterranean Agronomic Studies (CIHEAM)/EC MEDA Water.

PICS (Pacific Island Climate Services)**.** 2020. *PICS* [online]. [Cited 04 February 2021]. http://pacificislandsclimate.org/csdialogs/

PMC (Pacific Meteorological Council)**.** 2020. *PMC* [online]. [Cited 04 February 2021]. https://www.pacificmet.net/pmc

Prager, K., Labarthe, P., Caggiano, M. & Lorenzo-Arribas, A. 2016. How does commercialisation impact on the provision of farm advisory services? Evidence from Belgium, Italy, Ireland and the UK. *Land Use Policy*, 52: 329-344.

Radeny, M., Desalegn, A., Mubiru, D., Kyazze, F., Mahoo, H., Recha, J., Kimeli, P. & Solomon, D. 2019. Indigenous knowledge for seasonal weather and climate forecasting across East Africa. *Climatic Change,* 156: 509-526.

Ramakrishna, Y.S. 2013. *Current status of agromet services in South Asia, with special emphasis on the Indo-Gangetic Plains.* CCAFS Working Paper No. 53. Copenhagen, Denmark, CCAFS.

Risiro, J., Mashoko, D., Rurinda, E. & Tshuma, D. 2012. Weather forecasting and indigenous knowledge systems in Chimanimani District of Manicaland, Zimbabwe. *Journal of Emerging Trends in Educational Research and Policy Studies*, 3(4): 561-566.

Rivera, W., Zijp, W. & Alex, G. 2000. *Contracting for Extension: Review of Emerging Practice.* Agricultural Knowledge and Information Systems (AKIS) Good Practice Note. Washington, DC, World Bank.

Rogers, D., Smetanina, M. & Tsirkunov, V. 2016. *Improving weather, climate, and hydrological services delivery in Central Asia (Kyrgyz Republic, Republic of Tajikistan, and Turkmenistan).* Washington, DC, World Bank.

Rosas, G., Gubler, S., Oria, C., Acuña, D., Avalos, G., Begert, M. & Castillo, E. Croci-Maspoli, M. Cubas, F. Dapozzo, M., Díaz, A., van Geijtenbeek, D., Jacques, M., Konzelmann, T., Lavado, W., Matos, A., Mauchle, F., Rohrer, M., Rossa, A., Scherrer, S.C., Valdez, M., Valverde, M., Villar, G. & Villegas E. 2016. Towards implementing Climate Services in Peru – The project CLIMANDES. *Climate Services*, 4: 30-41

Roudier, P., Muller, B., d'Aquino, P., Roncoli, C., Soumaré, M. A., Batté, L. & Sultan, B. 2014. The role of climate forecasts in smallholder agriculture: lessons from participatory research in two communities in Senegal. *Climate Risk Management*, 2: 42-55.

Sanga, C., Kalungwizi, V. & Msuya, C. 2013. Building agricultural extension services system supported by ICTs in Tanzania: Progress made, Challenges remain. *International Journal of Education and Development using Information and Communication Technology*, 9(1): 80-99.

Silvestri, S., Richard, M., Edward, B., Dharmesh, G., & Dannie, R. 2020. Going digital in agriculture: How radio and SMS can scale-up smallholder participation in legume-based sustainable agricultural intensification practices and technologies in Tanzania. *International*

Journal of Agricultural Sustainability, 1-12.

SPREP (Secretariat of the Pacific Regional Environment Programme). 2016. *Pacific Islands Meteorological Services in Action. A Compendium of Climate Services Case Studies*. Apia, Samoa

Stigter, C. J. 2011. *Agrometeorological services: reaching all farmers with operational information products in new educational commitments.* Commission For Agricultural Meteorology Report No. 104. Geneva, WMO.

TAHMO (Trans-African Hydrometeorological Observatory). 2020. *TAHMO* [online]. [Cited 25 January 2021]. https://tahmo.org/

Taneja, G., Pal, B. D., Joshi, P. K., Aggarwal, P. K. & Tyagi, N. K. 2019. Farmers' Preferences for Climate-Smart Agriculture: An Assessment in the Indo-Gangetic Plain. In B.D. Pal, A. Kishore, P.K. Joshi, & N.K. Tyagi, eds. *Climate Smart Agriculture in South Asia*, pp. 91-111. Singapore, Springer.

Tarchiani, V. 2019. *Evaluation Report of METAGRI Operational Project (2012-2015)*, CAgM Report, 107. Geneva, WMO.

Tarchiani, V., Rossi, F., Camacho, J., Stefanski, R., Mian, K. A., Pokperlaar, D. S. & Adamou, A. S. 2017. Smallholder farmers facing climate change in West Africa: decision-making between Innovation and Tradition. *Journal of Innovation Economics Management*, 3 (3): 151-176.

Tiitmamer, N. & Mayai, A. T. 2018. *Climate Service Model for South Sudan's Rural Farmers and Agro-pastoralists*. The SUDD Institute.

Timilsina, A. P., Shrestha, A., Gautam, A. K., Gaire, A., Malla, G., Paudel, B., Rimal, P.R. Upadhyay, K. & Bhandari, H. L. 2019. A practice of agro-met advisory service in Nepal. *Journal of Bioscience and Agriculture Research*, 21(02): 1778-1785.

Trendov, N.M., Varas, S. & Zeng, M. 2019. *Digital technologies in agriculture and rural areas. Status report*. Rome. FAO (also available at http://www.fao.org/publications/card/en/c/CA4887EN/)

UNFCCC. 2015. *Climate Risks and Early Warning Systems* [online]. [Cited 9 April 2021] https://unfccc.int/sites/default/files/climate-risks-early-warning-systems-flyer.pdf

USAID. 2020. Strengthening Drought Monitoring Across the Middle East and North Africa. In: *USAID Global Waters* [online]. [Cited 1 February 2021]. https://medium.com/usaid-global-waters/strengthening-drought-monitoring-across-the-middle-east-and-north-africa-6a1d0033204b

van den Ban, A.W. 2000. *Different Ways of Financing Agricultural Extension*. Agricultural Research & Extension Network Paper 106b, pp. 8-19. London, Overseas Development Institute (ODI).

Vaughan, C., Hansen, J., Roudier, P., Watkiss, P. & Carr, E. 2019. Evaluating agricultural weather and climate services in Africa: Evidence, methods, and a learning agenda. *Wiley Interdisciplinary Reviews: Climate Change*, 10(9): e586.

Verner, D., ed. 2012. *Adaptation to a Changing Climate in the Arab Countries: A Case for Adaptation Governance and Leadership in Building Climate Resilience*. MENA Development

Report. Washington, DC, World Bank.

Vogel, J., Letson, D. & Herrick, A. 2017. A framework for Climate Services evaluation and its application to the Caribbean agromet Initiative. *Climate Services*, 6; 65-76.

Vincent, K., Daly, M., Scannell, C. & Leathes, B. 2018. What can climate services learn from theory and practice of co-production? *Climate Services*, 12: 48-58.

Walsh, K. 2020. ENACTS Climate Services initiative ripples across East Africa with WISER support. In: *International Research Institute for Climate and Society (IRI): News* [online]. [Cited 25 January 2021]. https://iri.columbia.edu/news/enacts-climate-services-initiative-ripples-across-east-africa/

WAMIS (World AgroMeteorological Information Service). 2021. *WAMIS.* [Online]. [Cited 04 February 2021]. http://www.wamis.org/index.php

WFP & FAO. 2021. *Hunger Hotspots. FAO-WFP early warnings on acute food insecurity: March to July 2021 outlook.* Rome.

WMO. 2011. *Climate knowledge for action: A Global Framework for Climate Services – empowering the most vulnerable. Report of the High-Level Taskforce for the Global Framework for Climate Services.* WMO No. 1065. Geneva.

WMO. 2015. *Valuing Weather and Climate: Economic Assessment of Meteorological and Hydrological Services.* WMO No. 1153. Geneva.

WMO. 2019. *2019 State of Climate Services.* WMO No. 1242. Geneva.

WMO. 2020. 2020 State of Climate Services. WMO No. 1252. Geneva.

WMO. 2021. *State of the Global Climate 2020.* WMO No. 1252. Geneva.

World Bank. 2008. *Weather and Climate Services in Europe and Central Asia: A Regional Review.* World Bank Working Paper, No. 151. Washington, DC, World Bank.

World Bank. 2016a. *World Development Report 2016: Digital dividends.* Washington, DC, World Bank.

World Bank. 2016b. Automated Agro-meteorological Data Improve Agricultural Production in Afghanistan. In: *World Bank* [online]. [Cited 6 September 2021].

World Bank. 2018. *Strengthening the Regional Dimension of Hydromet Services in Southeast Asia: A Policy Note with a Focus on Cambodia, Lao PDR, and Vietnam.* Washington, DC, World Bank.

World Bank. 2019. *Weather, Climate and Water in Central Asia A Guide to Hydrometeorological Services in the Region.* Washington, DC, World Bank.

World Bank. 2021. Africa Hydromet Program. In: *World Bank* [online]. [Cited 25 January 2021]. www.worldbank.org/en/programs/africa_hydromet_program

附件一　针对气候信息提供方的调查问卷

1. 气象局或农业部门是否向农民发出极端天气事件预警?
☐ 是
☐ 否

2. 农民社区是否能够获得这些预警信息?
☐ 是
☐ 否

3. 目前向农民或终端用户提供天气信息和天气警报的形式是怎样的?

☐ 电视	☐ 广播
☐ 短信	☐ 气象服务网站
☐ 天气应用软件	☐ 新闻
☐ 短信服务（定期发送）	☐ SMS（USDD）
☐ WhatsApp（短信）	☐ WhatsApp（音频）
☐ 社交媒体（脸书）	☐ 天气预警板
☐ LED 显示屏	☐ 色彩预警信号
☐ 沿岸旗帜警报	☐ 沿岸灯光警报
☐ 扬声器	☐ 警报器
☐ 其他形式（请具体阐述）	

4. 请列出五大通信方式（按覆盖率从高到低顺序排列）以及受益人的大概数量：
☐
☐
☐
☐
☐

5. 是否有其他机构（非政府组织、推广服务机构、私营部门）向"最后一公里"提供气候信息服务？

☐ 是（请具体阐述机构名称）
☐ 否
☐ 不清楚

6. 气象局或农业部门的气候信息产品是否根据最终用户和利益相关者的需求反馈进行有针对性的调整？

☐ 有（若涉及农业、畜牧业和渔业中任意一项）
☐ 没有

7. 气象局或农业部门向农民和终端用户提供的信息类型是什么，频率如何？

农业对气象信息产品的需求		频率			
最佳播种期	☐ 每日	☐ 每十天	☐ 每季度	☐ 季节性	☐ 有需要时
雨季开始	☐ 每日	☐ 每十天	☐ 每季度	☐ 季节性	☐ 有需要时
雨季期间	☐ 每日	☐ 每十天	☐ 每季度	☐ 季节性	☐ 有需要时
旱季	☐ 每日	☐ 每十天	☐ 每季度	☐ 季节性	☐ 有需要时
假雨季开始	☐ 每日	☐ 每十天	☐ 每季度	☐ 季节性	☐ 有需要时
累计降水量	☐ 每日	☐ 每十天	☐ 每季度	☐ 季节性	☐ 有需要时
蒸发量	☐ 每日	☐ 每十天	☐ 每季度	☐ 季节性	☐ 有需要时
累计生长度日	☐ 每日	☐ 每十天	☐ 每季度	☐ 季节性	☐ 有需要时
土壤墒情	☐ 每日	☐ 每十天	☐ 每季度	☐ 季节性	☐ 有需要时
季节性预测	☐ 每日	☐ 每十天	☐ 每季度	☐ 季节性	☐ 有需要时
降水预报	☐ 每日	☐ 每十天	☐ 每季度	☐ 季节性	☐ 有需要时
温度预报	☐ 每日	☐ 每十天	☐ 每季度	☐ 季节性	☐ 有需要时
病虫害预报	☐ 每日	☐ 每十天	☐ 每季度	☐ 季节性	☐ 有需要时
风力预报	☐ 每日	☐ 每十天	☐ 每季度	☐ 季节性	☐ 有需要时
冰雹预报	☐ 每日	☐ 每十天	☐ 每季度	☐ 季节性	☐ 有需要时

畜牧业对气象信息产品的需求	频率				
饲料供应	☐每日	☐每十天	☐每季度	☐季节性	☐有需要时
水资源供给	☐每日	☐每十天	☐每季度	☐季节性	☐有需要时
潜在雷击区	☐每日	☐每十天	☐每季度	☐季节性	☐有需要时
潜在疫区	☐每日	☐每十天	☐每季度	☐季节性	☐有需要时
畜牧转场走廊	☐每日	☐每十天	☐每季度	☐季节性	☐有需要时
潜在冲突区	☐每日	☐每十天	☐每季度	☐季节性	☐有需要时

渔业对气象信息产品的需求	频率				
大浪预警	☐每日	☐每十天	☐每季度	☐季节性	☐有需要时
涨潮预警	☐每日	☐每十天	☐每季度	☐季节性	☐有需要时
能见度预报	☐每日	☐每十天	☐每季度	☐季节性	☐有需要时
风力预报	☐每日	☐每十天	☐每季度	☐季节性	☐有需要时
潜在雷击区	☐每日	☐每十天	☐每季度	☐季节性	☐有需要时
表层海水温度	☐每日	☐每十天	☐每季度	☐季节性	☐有需要时

林业对气象信息产品的需求	频率				
季节性预报	☐每日	☐每十天	☐每季度	☐季节性	☐有需要时
潜在雷击区	☐每日	☐每十天	☐每季度	☐季节性	☐有需要时
潜在疫区	☐每日	☐每十天	☐每季度	☐季节性	☐有需要时
野外火灾易发区	☐每日	☐每十天	☐每季度	☐季节性	☐有需要时

附件二 "最后一公里"调查问卷

1. 你来自哪里（国家、省份、村）？
□
□
□

2. 以下农业系统中，哪种最符合你的实际情况？
□ 农业（请具体说明种植作物和果树种类）
□ 畜牧业（请具体说明养殖的动物种类）
□ 渔业和水产养殖业（请具体说明）
□ 林业（请具体说明）

3. 你是否收到过气候和天气信息？
□ 是　　　　　　□ 否　　　　　　□ 不作答

4. 您是通过哪种通信方式接受气候和天气信息服务的？

□ 电视　　　　　　　　　　□ 广播
□ 甚高频广播　　　　　　　□ 呼叫服务
□ 电子邮件　　　　　　　　□ 气象服务网站
□ 天气应用软件　　　　　　□ 新闻
□ 农业气象新闻简报　　　　□ 短信（定期）
□ SMS（USDD）　　　　　□ WhatsApp（短信）
□ WhatsApp（语音信箱）　□ 社交媒体（脸书）
□ 口口相传（菜市场）　　　□ 传统经验（观测）
□ 巡回研讨会　　　　　　　□ 社区会议
□ 天气预警板　　　　　　　□ LED 显示屏
□ 色彩预警信号　　　　　　□ 沿岸旗帜警报
□ 沿岸灯光警报　　　　　　□ 扬声器
□ 警报器　　　　　　　　　□ 其他形式（请具体说明）

5. 您希望通过哪种通信方式接受气候和天气信息服务？

☐ 电视　　　　　　　　　　☐ 广播

☐ 甚高频广播　　　　　　　☐ 呼叫服务

☐ 电子邮件　　　　　　　　☐ 气象服务网站

☐ 天气应用软件　　　　　　☐ 新闻

☐ 农业气象新闻简报　　　　☐ 短信（定期）

☐ SMS（USDD）　　　　　　☐ WhatsApp（短信）

☐ WhatsApp（语音信箱）　　☐ 社交媒体（脸书）

☐ 口口相传（菜市场）　　　☐ 传统经验（观测）

☐ 巡回研讨会　　　　　　　☐ 社区会议

☐ 天气预警板　　　　　　　☐ LED显示屏

☐ 色彩预警信号　　　　　　☐ 沿岸旗帜警报

☐ 沿岸灯光警报　　　　　　☐ 扬声器

☐ 警报器　　　　　　　　　☐ 其他形式（请具体说明）

6. 您所在的农业系统中对气候信息服务的需求及频率是什么？

农业对气象信息产品的需求	频率				
最佳播种期	☐每日	☐每十天	☐每季度	☐季节性	☐有需要时
雨季开始	☐每日	☐每十天	☐每季度	☐季节性	☐有需要时
雨季期间	☐每日	☐每十天	☐每季度	☐季节性	☐有需要时
旱季	☐每日	☐每十天	☐每季度	☐季节性	☐有需要时
假雨季开始	☐每日	☐每十天	☐每季度	☐季节性	☐有需要时
累计降水量	☐每日	☐每十天	☐每季度	☐季节性	☐有需要时
蒸发量	☐每日	☐每十天	☐每季度	☐季节性	☐有需要时
累计生长度日	☐每日	☐每十天	☐每季度	☐季节性	☐有需要时
土壤墒情	☐每日	☐每十天	☐每季度	☐季节性	☐有需要时
季节性预测	☐每日	☐每十天	☐每季度	☐季节性	☐有需要时
降水预报	☐每日	☐每十天	☐每季度	☐季节性	☐有需要时
温度预报	☐每日	☐每十天	☐每季度	☐季节性	☐有需要时
病虫害预报	☐每日	☐每十天	☐每季度	☐季节性	☐有需要时
风力预报	☐每日	☐每十天	☐每季度	☐季节性	☐有需要时
冰雹预报	☐每日	☐每十天	☐每季度	☐季节性	☐有需要时

畜牧业对气象信息产品的需求 　　　　　　**频率**

饲料供应	☐每日	☐每十天	☐每季度	☐季节性	☐有需要时
水资源供给	☐每日	☐每十天	☐每季度	☐季节性	☐有需要时
潜在雷击区	☐每日	☐每十天	☐每季度	☐季节性	☐有需要时
潜在疫区	☐每日	☐每十天	☐每季度	☐季节性	☐有需要时
畜牧转场走廊	☐每日	☐每十天	☐每季度	☐季节性	☐有需要时
潜在冲突区	☐每日	☐每十天	☐每季度	☐季节性	☐有需要时

渔业对气象信息产品的需求 　　　　　　**频率**

大浪预警	☐每日	☐每十天	☐每季度	☐季节性	☐有需要时
涨潮预警	☐每日	☐每十天	☐每季度	☐季节性	☐有需要时
能见度预报	☐每日	☐每十天	☐每季度	☐季节性	☐有需要时
风力预报	☐每日	☐每十天	☐每季度	☐季节性	☐有需要时
潜在雷击区	☐每日	☐每十天	☐每季度	☐季节性	☐有需要时
表层海水温度	☐每日	☐每十天	☐每季度	☐季节性	☐有需要时

林业对气象信息服务的需求 　　　　　　**频率**

季节性预报	☐每日	☐每十天	☐每季度	☐季节性	☐有需要时
潜在雷击区	☐每日	☐每十天	☐每季度	☐季节性	☐有需要时
潜在疫区	☐每日	☐每十天	☐每季度	☐季节性	☐有需要时
野外火灾易发区	☐每日	☐每十天	☐每季度	☐季节性	☐有需要时

7. 哪种自然灾害对您的生产生活影响最大，它们的发生频率如何？

☐ 热浪	☐每月	☐每季度	☐每年	☐每五年
☐ 霜冻潮	☐每月	☐每季度	☐每年	☐每五年
☐ 降水	☐每月	☐每季度	☐每年	☐每五年
☐ 干旱（包括旱季）	☐每月	☐每季度	☐每年	☐每五年
☐ 冰雹	☐每月	☐每季度	☐每年	☐每五年

☐ 冻雨	☐每月	☐每季度	☐每年	☐每五年
☐ 病虫害	☐每月	☐每季度	☐每年	☐每五年
☐ 雾	☐每月	☐每季度	☐每年	☐每五年
☐ 风	☐每月	☐每季度	☐每年	☐每五年
☐ 海平面升高	☐每月	☐每季度	☐每年	☐每五年
☐ 海水酸化	☐每月	☐每季度	☐每年	☐每五年
☐ 咸潮入侵	☐每月	☐每季度	☐每年	☐每五年
☐ 地震	☐每月	☐每季度	☐每年	☐每五年
☐ 海啸	☐每月	☐每季度	☐每年	☐每五年
☐ 火山喷发	☐每月	☐每季度	☐每年	☐每五年
☐ 山体滑坡	☐每月	☐每季度	☐每年	☐每五年
☐ 雪崩	☐每月	☐每季度	☐每年	☐每五年
☐ 野外火灾	☐每月	☐每季度	☐每年	☐每五年

8. 你认为自己受到气候变化的影响程度如何?
☐ 高
☐ 较高
☐ 中
☐ 低
☐ 不受影响

9. a) 政府是否采取了相应的措施以支持你适应气候变化?
☐ 有
☐ 没有
☐ 不作答

9. b) 若有,政府采取了哪些措施,这些措施的效果如何?

☐ 推广服务	☐非常有效	☐有效	☐无效	☐不适用
☐ 与气候或天气有关的信息服务	☐非常有效	☐有效	☐无效	☐不适用
☐ 培训或农民田间学校	☐非常有效	☐有效	☐无效	☐不适用
☐ 政府保险、贷款或信贷	☐非常有效	☐有效	☐无效	☐不适用
☐ 农业投入(种子、饲料、农机)	☐非常有效	☐有效	☐无效	☐不适用
☐ 灌溉(对灌溉网络的使用权)	☐非常有效	☐有效	☐无效	☐不适用
☐ 其他(请具体说明)	☐非常有效	☐有效	☐无效	☐不适用

10. a)你是否从非政府机构获得过任何支持或咨询服务以帮助你适应气候变化?

☐ 有
☐ 没有
☐ 不作答

10. b)若有,你从非政府机构处获得的支持有哪些?

	私营企业	非政府组织	科研机构	联盟或协会	其他
☐ 推广服务	☐	☐	☐	☐	☐
☐ 与气候或天气有关的信息服务	☐	☐	☐	☐	☐
☐ 与市场准入相关的信息	☐	☐	☐	☐	☐
☐ 培训或农民田间学校	☐	☐	☐	☐	☐
☐ 政府保险、贷款或信贷	☐	☐	☐	☐	☐
☐ 农业投入（种子、饲料、农机）	☐	☐	☐	☐	☐
☐ 其他（请具体说明）	☐	☐	☐	☐	☐

11. 你是否接受以下农业实践或农业气象学仪器?

农业

a）种子

☐ 抗旱品种　　　　　　　☐ 种植周期短的作物品种
☐ 抗高温品种　　　　　　☐ 抗病虫害品种
☐ 其他（请具体说明）

b）土壤管理

☐ 固氮作物　　　　☐ 半月形灌溉渠
☐ 石堤　　　　　　☐ 作物秸秆
☐ 农林业　　　　　☐ 轮作
☐ 少耕法　　　　　☐ 抬高苗床种植法
☐ 间作　　　　　　☐ 沟渠
☐ 梯田　　　　　　☐ 堤坝
☐ 疏浚　　　　　　☐ 其他（请具体说明）

c）水管理

☐ 水井 ☐ 水库
☐ 智能灌溉 ☐ 喷灌
☐ 地面灌溉 ☐ 滴灌
☐ 其他（请具体说明）

d）植物生长调节剂

☐ 肥料（有机或无机肥料） ☐ 杀虫剂（生物或化学试剂）
☐ 除草剂（生物或化学试剂）

e）研发

☐ 机械化耕作 ☐ 播种机
☐ 机械化收割 ☐ 机械化除草
☐ 机械化施肥 ☐ 机械化杀虫剂喷洒装置
☐ 地面激光找平 ☐ 张力计（土壤水分）
☐ 归一化植被指数传感器（植物营养）
☐ 电化学传感器（土壤酸碱度和土壤养分）
☐ 叶片湿度传感器 ☐ 土壤温度传感器
☐ 气流式土壤传感器（容重） ☐ 种子烘干机
☐ 其他（请具体说明）

畜牧业

a）土壤管理

☐ 畜牧转场走廊 ☐ 轮牧
☐ 其他（请具体说明）

b）动物饲养

☐ 集中饲养 ☐ 饲料管理
☐ 恰当的贮存 ☐ 其他（请具体说明）

c）水管理

☐ 水库 ☐ 盆地
☐ 其他（请具体说明）

d）动物卫生

☐ 动物追踪 ☐ 可饮用的水质

☐ 适当的住所 ☐ 兽医药品

☐ 虫害控制措施 ☐ 适当的动物分群饲养

☐ 尽量减少化学品接触 ☐ 化学消毒剂

☐ 其他（请具体说明）

渔业和水产养殖业

a）收获方式

☐ 吊杆捕获 ☐ 渔网捕捞（非拖网）

☐ 四锚张网 ☐ 拖网捕鱼

☐ 围网捕鱼 ☐ 延绳钓捕鱼

☐ 其他（请具体说明）

b）数量与控制

☐ 数量检测 ☐ 非目标物种

☐ 丰富的物种 ☐ 海用鱼笼

☐ 鱼塘 ☐ 其他（请具体说明）

c）储存和加工

☐ 处理 ☐ 烘干

☐ 熏制 ☐ 冰冻

☐ 其他（请具体说明）

林业

a）管理方法

☐ 森林资源清查 ☐ 控制性森林采伐

☐ 沼泽地管理 ☐ 森林火灾防控

☐ 疏伐 ☐ 为生态系统服务付费

☐ 其他（请具体说明）

b）修复方法

☐ 森林重建　　　　　　　☐ 森林再生

☐ 荒山造林　　　　　　　☐ 其他（请具体说明）

c）野生生物保护

☐ 反偷猎措施　　　　　　☐ 野生动物管理

☐ 其他（请具体说明）

图书在版编目（CIP）数据

全球农业气候服务展望：打通投资"最后一公里"/
联合国粮食及农业组织编著；刘钊等译．—北京：中
国农业出版社，2023.12
（FAO中文出版计划项目丛书）
ISBN 978-7-109-31272-2

Ⅰ.①全…　Ⅱ.①联…　②刘…　Ⅲ.①农业气象—气
象服务—研究—世界　Ⅳ.①S163

中国国家版本馆CIP数据核字（2023）第202657号

著作权合同登记号：图字01-2023-3975号

全球农业气候服务展望——打通投资"最后一公里"
QUANQIU NONGYE QIHOU FUWU ZHANWANG——
DATONG TOUZI "ZUIHOU YIGONGLI"

中国农业出版社出版
地址：北京市朝阳区麦子店街18号楼
邮编：100125
责任编辑：司雪飞
版式设计：王　晨　责任校对：吴丽婷
印刷：中农印务有限公司
版次：2023年12月第1版
印次：2023年12月北京第1次印刷
发行：新华书店北京发行所
开本：700mm×1000mm　1/16
印张：10.25
字数：200千字
定价：79.00元